BERND HACKL | KERSTIN RESTER

PROBLEME SIND LÖSBAR

Regeln & Routinen im Pferdetraining
So meistert ihr Alltagssituationen

KOSMOS

INHALT

THE MAN IN THE GLASS

When you get what you want in your struggle for self
And the world makes you king for a day
Then go to the mirror and look at yourself
And see what that man has to say.

For it isn't your father, or mother, or wife
Whose judgment upon you must pass
The fellow whose verdict counts most in your life
Is the one staring back from the glass.

He's the fellow to please – never mind all the rest
For he's with you, clear to the end
And you've passed your most difficult, dangerous test
If the man in the glass is your friend.

You may fool the whole world down the pathway of years
And get pats on the back as you pass
But your final reward will be heartache and tears
If you've cheated the man in the glass.

by Peter Dale Wimbrow Sr

Kerstin Rester und Bernd Hackl, zwei Generationen, eine Mission, die Welt für die Pferde zu verbessern.

DAS PFERD IN DEINER OBHUT

Auf der 7P-Ranch sind für uns die folgenden Beschreibungen und Vorgehensweisen eine Selbstverständlichkeit. Es geht uns im Training keinesfalls darum, Pferde charakterlich zu verändern. Wichtig ist uns, dass wir vermeintliche Schwächen des Pferdes ausgleichen und Stärken fördern können. Ob nun jeder Pferdebesitzer alles aus diesem Buch übernehmen will, bleibt natürlich jedem selbst überlassen. Wir glauben aber fest daran, dass ein strukturiertes Vorgehen und konsequentes Einhalten von Regeln in Verbindung mit der Wiederholung der genannten Übungen und Aufgaben zu einem besseren Miteinander, einer tieferen Basis mit dem Pferd und somit einer engeren Verbindung zwischen Pferd und Besitzer führt.
Aus Erfahrung wissen wir, dass viele Pferde ein Verhalten an den Tag legen, das vom Besitzer als „normal" angesehen wird, und um viele Schwierigkeiten herum Lösungen und Auswege gesucht werden. Aus unserer Sicht ist es sehr sinnvoll, Zeit in die Erziehung der Pferde zu investieren, da ein erzogenes Pferd, das Regeln kennt, viel schneller in seiner Psyche zur Ruhe kommen kann, da es versteht, wie das Zusammenleben mit dem Individuum Mensch abläuft.

Wenn mein Gegenüber für mich abschätzbar, berechenbar und verständlich ist, dann steht einer klaren Kommunikation unter Umständen auch in schwierigen Situationen nichts im Weg.
Natürlich kann auch ein Pferd, das gut erzogen ist und eine solide Basis hat, Dinge infrage stellen, Grenzen testen oder vielleicht einfach nur seinem Instinkt folgend handeln und dadurch Fehler machen oder gar Extremsituationen hervorrufen. Nichtsdestotrotz wird sich bei einem gut erzogenen Pferd der Schaden, den die Beziehung dabei nimmt, in Grenzen halten, weil sowohl der Besitzer als auch das Pferd einen Plan und somit eine gemeinsame Richtung haben, auf der man die Kommunikation wieder aufbauen kann.
Nichts ist für ein Pferd schlimmer als ein Anführer Mensch, der für das Pferd undurchschaubar, scheinbar planlos, in den Tag hineinlebt. Um unserer Aufgabe des Aufpassers nachzukommen, also um glaubhaft zu vermitteln, dass der Mensch derjenige ist, bei dem ein Pferd sich in perfekter Obhut befindet, bedarf es nicht nur guten Willens, sondern vor allem Struktur, Konsequenz und liebevoller Führung. Wir freuen uns sehr, mit diesem Buch ein Stück weit zur besseren Kommunikation zwischen Pferd und Mensch beitragen zu dürfen.

HAST DU EIN PROBLEM?

KERSTIN RESTER UND BERND HACKL

Für alle Pferde erachten wir es als wichtig, dass der Vorteil erkannt wird, eine Herdenbindung mit uns einzugehen. Alles, was Pferde suchen, ist das Gefühl von Obhut und Sicherheit.

Respekt und Vertrauen

Wir hören in der Pferdewelt oft die Aussage „Vertrauen ist wichtiger als Respekt, Respekt steht an zweiter Stelle". Wir sehen das anders bzw. differenzieren hier. An erster Stelle mag das Vertrauen stehen, allerdings nicht das Vertrauen vom Pferd dem Menschen gegenüber, sondern das Vertrauen des Menschen gegenüber dem Pferd.

UMGANG MIT DEM PFERD

Mit anderen Worten, der Pferdebesitzer sollte sein Angstgefühl unter Kontrolle haben und sich damit auseinandersetzen, ob er Pferde genug liebt, um sie auch trainieren bzw. um ihnen Dinge beibringen zu können.

Pferde sind in der Lage, Angst zu riechen, und sie spüren unseren Herzschlag bereits auf eine gewisse Distanz (ca. einen Meter). Vertraue ich nicht darauf, dass mir mein Pferd ohne Argwohn begegnet, vertraue ich dabei zusätzlich nicht auf meine eigenen Fähigkeiten, dann sind sicherlich die ersten Schwierigkeiten vorprogrammiert.

Hektische, unüberlegte Bewegungen, eventuell sogar aus Angst, aktivieren im Pferd den Fluchtgedanken – und es reagiert hektisch. So kommt eine Lawine ins Rollen, in der einer den anderen anstößt, und der Stress, der entsteht, vereinfacht die Arbeit für keinen von beiden.

Warum steht bei vielen der Gedanke an erster Stelle, dass das Pferd Respekt gegenüber dem Menschen haben soll? Das Zusammenleben in der Herde beruht in erster Linie darauf, dass einer dem anderen weicht und Raum für sich eingenommen werden kann.

Eine höfliche, aber doch klare Kommunikation sorgt für das Einhalten von Grenzen und ist ein wesentlicher Bestandteil der Einschätzbarkeit, die wir einem Pferd gegenüber ausstrahlen.

Eine klare Körpersprache verhindert Missverständnisse in der Kommunikation zwischen Mensch und Pferd.

Leider neigen wir Menschen dazu, sobald wir gewisse Triggerworte wie zum Beispiel Respekt, Konsequenz, Durchsetzungsvermögen, Druck, Grenzen setzen usw. hören, diese mit negativen Bildern in unseren Köpfen zu assoziieren.

Aufgrund des Buchthemas werden wir uns hier hauptsächlich an den Begriff „Respekt“ heften. Es ist jedoch auf viele Bereiche unseres Lebens übertragbar und wir möchten den Leser dabei bitten, nicht nur den Bezug zu Pferden herzustellen, sondern eventuell auch weit über den Tellerrand hinaus die Dinge, die wir hier erklären, in Bezug auf Straßenverkehr, Arbeitsplatz, Vorgesetzte, Familie, Vereinsleben, Stallgemeinschaft, eventuell sogar Politik zu durchdenken. Bernd erwähnt es oft: „Horsemanship hört nicht auf, wenn man den Stall verlässt.“ Wir leben unser Leben in vielen Bereichen anders, als manche der Leser dies aus ihrem Umfeld kennen. Es ist schwierig und auch nicht Ziel des Buches, Menschen von unserer Lebensart zu überzeugen, aber es wäre schön, wenn der eine oder andere einen kleinen Anstoß bekommt, ALLES zu überdenken – und davon vielfältig profitiert.

BEGRENZUNG DES FLUCHTRAUMS

Nun zurück zum Thema Pferd. Warum also ist uns der Respekt an erster Stelle wichtig? Pferde sollen verste-

Distanz einfordern zu können ist eines der ersten Trainingsziele, denn Höflichkeit beginnt mit Abstand.

hen, dass sie auf unsere ruhige Präsenz hin vor uns weichen, wie vor einem respektierten Mitglied ihrer Herde. Ein Pferd als Fluchttier wird, wild aufgewachsen, sicherlich nicht den Drang verspüren, Kontakt zu uns zu suchen. Aus diesem Grund begrenzen wir den Fluchtraum unserer Pferde durch einen Roundpen, eine Halle, ein Halfter, einen Führstrick usw., um überhaupt mit ihnen in Kontakt kommen zu können.

Nun könnte man natürlich fragen, ob es nicht sinnvoll wäre, es hier auf den Anfang herunterzubrechen: „Wäre es nicht sinnvoll, dass unsere Pferde uns vertrauen, sodass sie nicht flüchten müssen?" Dann stünde also eigentlich das Vertrauen des Pferdes an erster Stelle. In der Realität ist es jedoch so, dass unsere Pferde zu uns blicken und wohl bemerken: „Okay, ich habe vor diesem Raubtier nichts zu befürchten", dabei jedoch trotzdem aufgrund ihrer Natur einen Ausweg aus der Situation suchen, um bei Bedarf flüchten zu können.

Wir möchten euch hier ganz am Anfang der entstehenden Probleme abholen, denn es beginnt meist da, wo die Pferde eben so viel „Vertrauen" zum Menschen haben, dass sie sie, wenn nötig, anrempeln, umschubsen, wegschieben, treten und beißen. Wir hätten an erster Stelle gerne, dass unser Pferd versteht, dass wir ihm eine Laufrichtung geben und es zu respektieren hat, wenn wir ihm seinen gewählten Fluchtweg versperren.

Aus der Trainingspraxis können wir sagen, dass viele der Pferde (rohe Pferde, ohne viel Kontakt zum Menschen) auf unsere Richtungsweisung hin in der Regel in die entgegengesetzte Richtung laufen möchten, da sie sich logischerweise in der Wildnis von einem Puma oder ähnlichem Raubtier nicht in schwieriges, felsiges Terrain schicken lassen, sondern die freie Fläche wählen, um mit ihrer Geschwindigkeit dem Angreifer zu entkommen. Der Flight-or-Fight-Gedanke (Flucht oder Angriff) spielt hier eine wesentliche Rolle.

VON DEN MUSTANGS LERNEN

Als Bernd in den USA mit Mustangs arbeiten durfte, hatte er anfangs große Schwierigkeiten, da manche dieser Pferde tatsächlich zu massiven Angriffen gegenüber dem Menschen neigten. Erstaunlicherweise wurde dies bei vielen dadurch verstärkt, dass die Besitzer/Trainer dachten, sie könnten sich das Vertrauen bzw. die Zuneigung durch die Gabe von Futter erschleichen.

Bernd sah sich diese Pferde genauer an und mithilfe vieler Erklärungen verschiedener Cowboys fand sich eine Theorie: Betrachtet man diese scheinbar aggressiven Pferde, stellt man fest, dass es sich dabei sehr oft um die gut genährten, muskulösen, sehr selbstsicher laufenden Pferde handelt, welche bei genauerer Betrachtung eine scheinbar hohe Rangposition in der Herde einnehmen.

Dies bedeutet, sie waren gewohnt, ihr Futter zu finden, gegebenenfalls gegen Herdenmitglieder zu verteidigen, um dem natürlichen Zweck der Selbsterhaltung zu folgen und als guter Anführer den Fortbestand der Herde sichern zu können.

1

Was passiert nun, wenn ich mir bei diesen Pferden meine Zuneigung zu erkaufen versuche? Das Pferd versteht nach zwei bis drei Einheiten, dass es von mir nichts zu befürchten hat, da ich eigentlich nur komme, um mein Futter abzugeben. Sie lassen eine gewisse Nähe zu und unter Umständen gelingt es sogar, diese Mustangs zu streicheln und anzufassen.
Ist der Selbsterhaltungs-/Herdentrieb gut genug ausgeprägt, beginnen diese Pferde ca. nach der vierten, fünften Trainingseinheit, die Trainer vom Futter wegzutreiben, die Ohren anzulegen, teilweise mit den Zähnen zu knirschen, eventuell sogar zu treten oder bedrohlich zu schnappen. Dies führt natürlich dazu, dass die Trainer daraufhin Korrekturmaßnahmen ergreifen und durch Fähnchen, Gerten, Führstrick oder auch ein Rope das Pferd vom Futter wegtreiben.

„Bekomme ich den Raum für mich?“

Was uns wieder zum Anfangsproblem bringt, dass die Pferde bedrängt werden und zum Teil versuchen, anzugreifen. In manchen Situationen ist dies nicht sehr spektakulär und man muss genau hinsehen, um wahrzunehmen, auf welcher Kommunikationsbasis dieses Training stattfindet. In anderen Fällen jedoch wird es offensichtlich, dass es zu hochgradig gefährlichen Situationen führen kann, in denen eine immense Verletzungsgefahr vorliegt, sowohl für das Pferd durch die Aggressivität mancher Trainer als auch für den Menschen durch die konsequente Kampfbereitschaft dieser Pferde.
Bernd hatte das große Glück, mit Trainern und Cowboys, wie zum Beispiel Steve Holloway und Dennis Morgan, um nur zwei zu nennen,

2

1 Betrachtet man den Roundpen wie eine Uhr, wird es ganz einfach, bei der Arbeit den Überblick zu behalten. Beim Vorwärtstreiben befinden wir uns ca. 10 Minuten hinter dem Pferd.

2 Eine klare Körpersprache zeigt dem Pferd die gewünschte Richtung.

zusammenarbeiten zu dürfen. Der Gedanke des gegenseitigen Respekts steht immer an erster Stelle. Grundsätzlich gibt es in Bezug auf Mensch und Tier nur zwei Arten von Lebewesen: asoziale und die anderen. Der erste Gedanke beim Training mit den Pferden, egal ob wild oder domestiziert, ist immer, Platz für sich zu beanspruchen und den Pferden zu versichern: „Bekomme ich diesen Raum für mich, lasse ich dich in Frieden."

DIE ARBEIT IM ROUNDPEN

Daraus entsteht ein kontinuierliches Vorwärtstreiben der Pferde in die gewünschte Richtung. In der Regel laufen die Pferde zunächst vorwärts mit erhobenem Kopf und deutlicher Körperspannung. Sie zeigen eine gewisse Abwehrhaltung dem Treibenden gegenüber. Nach einer Weile beginnen die Pferde, ihr Tempo zu verlangsamen und senken deutlich entspannt ihre Oberlinie ab (Fluchtdistanz ca. 600 – 900 Meter).

Daraufhin nimmt man den Druck weg und auch hier ist wieder zu erwähnen, dass Druck nicht bedeutet, mit erhobenen Armen stetig wedelnd oder aggressiv dem Pferd hinterherzulaufen, sondern einfach nur ruhig ca. zehn Minuten hinter dem Pferd herzugehen, um mit einem Hilfsmittel (zum Beispiel Longiergerte oder Fähnchen) das Pferd optimalerweise im Trab vorwärtszubewegen.

Wegnehmen des Drucks bedeutet, dass man einfach seine Position verändert, sich umdreht und vom Pferd wegbewegt, um Pause zu machen. Es würde hier den Rahmen sprengen, die komplette Arbeit im Roundpen zu beschreiben, aber es soll verdeutlichen, warum es uns so wichtig ist,

1

2

1 Das Pferd akzeptiert die Richtung und wird von der Präsenz des Menschen vorwärtsgeschickt.

2 Sobald wir den Druck wegnehmen, darf das Pferd zu uns in die Mitte kommen.

Eines unserer ersten Ziele im Roundpen sollte das Lösen der Oberlinie sein. Was wir suchen, ist ein Pferd, das in seiner Körperhaltung keine Anspannung und Flucht signalisiert, sondern Entspannung und psychische Losgelassenheit.

dass unsere Pferde es zu respektieren haben, wenn wir ihnen eine Richtung vorgeben. Durch die Richtung bekommen wir Ruhe ins Pferd, Aufmerksamkeit und ein deutliches Signal der Gesprächsbereitschaft, durch Absenken des Halses und lösen der Körperspannung: „Ich verstehe, dass du mich vorwärtsschickst, ich entspanne meinen Körper und höre dir zu. Was willst du von mir/was kann ich für dich tun?“ An diesem Punkt beginnt die Kommunikation mit dem Pferd.

KOMMUNIKATION MIT DEM PFERD

Kommunikation ist immer ein Austausch von Informationen zwischen mindestens zwei Individuen. Dies macht auch von vornherein klar, dass es in unserem Beispiel nicht darum geht, ein Pferd wie in einer Zentrifuge mit Vollgas vorwärtszuschicken, bis es nicht mehr kann, um es dann zum Luftholen zur Mitte kommen zu lassen. Es ist viel mehr die Bitte: „Entspanne deinen Körper, mache den Raum hinter dir frei, denn den beanspruche ich für mich.“
Erstaunlich schnell verstehen die Pferde, dass sie ruhig und gelassen, die von uns beanspruchten Plätze frei machen. Sie suchen in der Regel unsere Nähe, und zwar meist hinter uns, um mit/bei uns einen Ort der Ruhe zu finden. Hier beginnt nun der sogenannte „Herdbound“ (= Herdenbindung), eigentlich der Beginn jeglicher Zusammenarbeit mit dem Pferd.

TRAINING IM ROUNDPEN

Wenn wir uns die Kommunikationsbereitschaft unseres Pferdes erarbeiten, bemühen wir uns zunächst darum, die Aufmerksamkeit des Pferdes zu erlangen. Die Pferde sollen lernen, dass wir im Roundpen wichtiger sind als alles andere, was außerhalb geschieht. Bereits hier kann man Rückschlüsse auf die Lernfähigkeit des jeweiligen Pferdes ziehen, denn manche Pferde sind etwas langsamer in der Auffassungsgabe als andere.

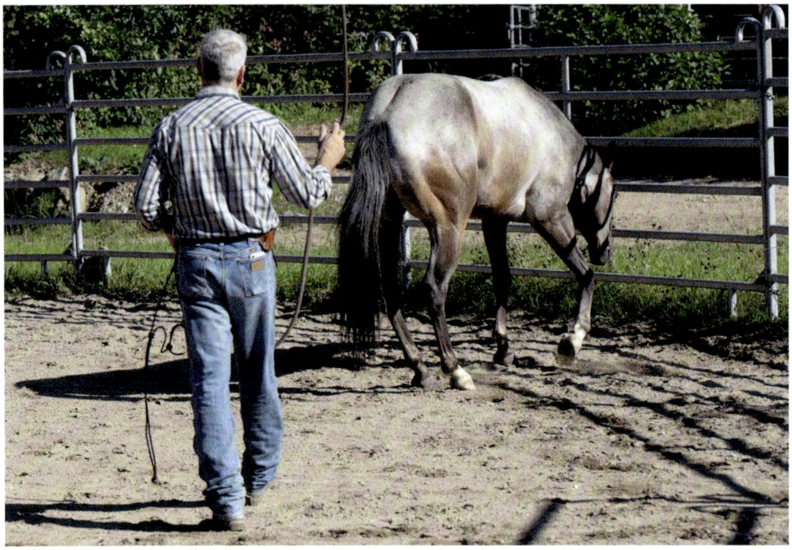

1.
Die Aufmerksamkeit des Pferdes ist dem Menschen gegenüber deutlich abgewandt. Durch Vorwärtsschicken und Raumeinfordern erlangen wir die Aufmerksamkeit zurück.

2.
Das Pferd akzeptiert die vorwärtstreibende Hilfe und läuft gelöst vorwärts. Das innere Ohr ist dem Menschen zugewandt.

3. Höfliches Einfordern von Raum führt im besten Fall nicht dazu, dass das Pferd vor dem Menschen wegläuft, sondern die Aufmerksamkeit des Pferdes bleibt dem Menschen zugewandt und der Kontakt reißt nicht ab, wenn das Pferd dem Menschen weicht.

4. Gibt der Mensch dem Pferd Raum, in dem er rückwärts weicht, sollte das Pferd sich im Idealfall dazu aufgefordert fühlen, dem Menschen zu folgen. Es ist wie mit einem unsichtbaren Führstrick, bei dem das Pferd versucht, ihn nicht auf Spannung zu bringen.

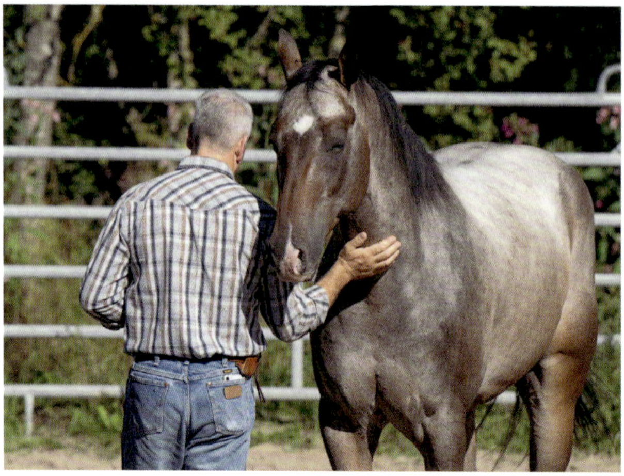

5.
Distanz schafft Nähe – unsere Arbeit zielt darauf ab, dass die Pferde unsere Nähe als etwas Besonderes empfinden, Berührungen genießen und den Kopf ausschalten können.

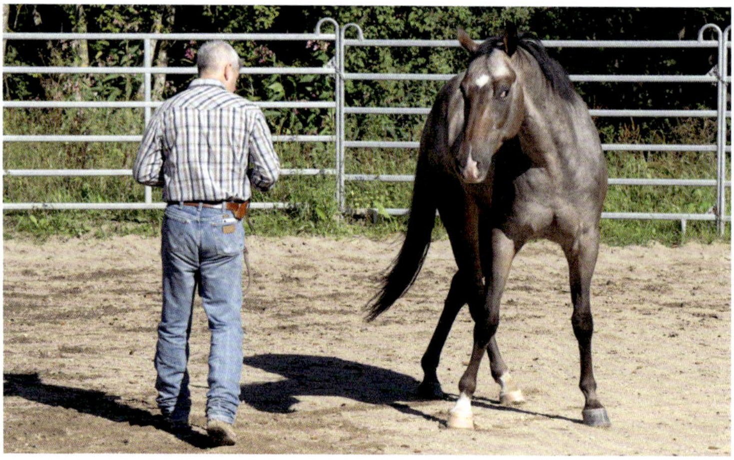

6.
Aus dieser Nähe heraus ist es uns möglich, die Einzelteile des Pferdes (im Bild die Hinterhand) von uns wegzubewegen, ohne die Nähe des Pferdes zu verlieren.

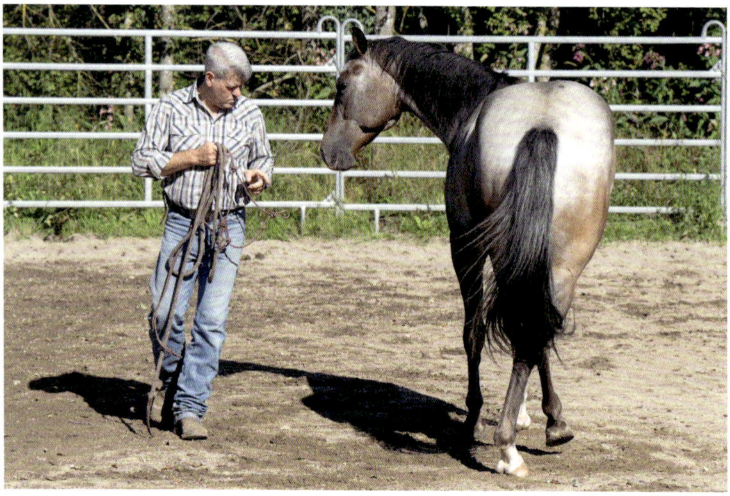

7.
Ein weiterer Pluspunkt dieser Arbeit liegt darin, dass die Pferde gymnastisch, ohne Spannung im Körper, eine gewisse Geschmeidigkeit erlangen, die mit einem Führstrick am Pferd nicht so einfach zu erarbeiten ist.

Der Grundgedanke, den wir beim Pferd erwecken möchten, sollte die Frage sein: „Darf ich zu dir? Können wir eventuell zusammen eine Herde bilden? Ich als Pferd erkenne an, dass du in der Lage bist, Raum für dich zu beanspruchen. Ich verstehe, dass du mich nicht verletzen willst und ich vor dir keine Angst haben muss (der Fluchtreflex wird im Idealfall nicht mehr aktiviert). Ich möchte gerne in einen Verband mit dir, weil ich denke, dass ich bei dir gut aufgehoben bin."
Pferde möchten in einer Herde in der Regel nicht dominiert werden, sondern suchen nach Obhut.
An dieser Stelle wird es jetzt knifflig, denn ein guter Trainer erkennt sehr schnell, wann dies der Fall ist, die Kommunikation so wird, dass das Pferd beginnt, Nähe einzufordern. Pferde sind wahnsinnig schlaue Lebewesen, auch wenn dieses von diversen Wissenschaftlern immer wieder bestritten wird. Sie finden sehr schnell heraus, dass wenn sie sich zu uns drehen und auf uns zulaufen, wir glücklich sind und sie anfangen zu streicheln. Die eigentliche Arbeit ist vollbracht. Hier sollten wir den Überblick behalten und gefühlvoll auch immer wieder mal darauf bestehen, dass die Pferde nicht nur zu uns kommen, sondern wir auch in der Lage sind, sie von uns wegzuschicken.

ABSTAND UND NÄHE

Ein wichtiger Satz in unserem Training ist folgender: „Mir ist es viel wichtiger, dass sich mein Pferd von mir wegbewegen kann, als dass es zu mir kommt und mir nachläuft wie ein kleiner Hund." Es gibt nichts Unangenehmeres als Pferde, die uns bedrängen. Wir möchten, dass unsere Pferde von Anfang an verstehen, dass sie zu uns kommen DÜRFEN, aber wir sie nicht in unserer Nähe akzeptieren MÜSSEN.

Interessiert und neugierig sucht das Pferd den Kontakt zum Menschen, der Beginn einer Kommunikation.

SO WENIG WIE MÖGLICH, SO VIEL WIE NÖTIG

Die Kommunikation sollte dabei immer auf dem Gedanken beruhen, der da so schön lautet: „So wenig wie möglich, so viel wie nötig." Ein Rat an dieser Stelle, auch wenn dieser Satz zum Teil leider nur noch eine abgedroschene Phrase ist, denn nur sehr wenige Menschen fragen sich am Ende eines Tages: „War es heute wirklich so wenig wie möglich?". Nur wenn man das hinterfragt, wird man tags darauf versuchen, noch feiner zu werden, und vor allem, das ist das Wichtigste daran, versuchen herauszufinden, warum es nicht noch weicher funktioniert, wenn es bereits weich funktioniert hat.

Man gibt sich oftmals mit den Dingen zufrieden, wie sie sind. Der Grundgedanke sollte immer sein: „Du DARFST zu mir, wenn du möchtest, und nicht du MUSST zu mir, sonst …". Ich möchte, dass das Pferd versteht, dass es mir egal ist, ob es kommt oder nicht. Mir ist es jedoch nicht egal, wenn es auf den Punkten steht, die ich für mich beanspruche.

Nun gibt es hier einen großen Interpretationsspielraum und uns ist bewusst, dass es unter Umständen nicht leicht zu verstehen ist, worum es hier wirklich geht. Wichtig aber ist, dass ihr als Leser versteht, wie es in uns aussieht und wie wir denken, fühlen und handeln.

MENSCHLICHE BEZIEHUNGEN

Wir nehmen euch kurz mit, heraus aus der Welt der Pferde, hinein in die Welt der Menschen, in der wir alle zum großen Teil die gleichen Erfahrungen machen. So gut wie jeder kennt den Satz, der in Beziehungsfragen oft auftaucht, vor allem dann, wenn sich Beziehungen lösen: „Wenn du etwas liebst, lass es frei. Wenn es

Lob und Bestätigung zur richtigen Zeit sind für Pferde immens wichtig und im Training sehr hilfreich.

Wir versuchen uns immer wieder in das Pferd hineinzufühlen und die Beziehung von außen zu betrachten, unabhängig vom Trainingsverlauf, denn die Psyche steht stets an erster Stelle.

zurückkommt, ist es deins. Wenn nicht, war es niemals deins." (Albert Schweitzer).
Gerade Beziehungen beruhen sehr oft auf dem eigenen Ego/der eigenen Vorstellung, wie es laufen sollte. Es ist den meisten Menschen sehr wichtig, zu lieben. Wenn wir aber ehrlich sind, ist es uns noch wichtiger, geliebt zu werden. Brechen wir das herunter auf kleine Einzelteile, dann ist es uns eigentlich nur wichtig, dass wir uns geliebt fühlen. Was bedeutet nun dieser Satz?

Ich möchte mich so fühlen, dass ich mir sicher sein kann, mein Partner interessiert sich für mich und es ist ihm wichtig, dass ich da bin, egal ob ich etwas für ihn tue oder nicht.
Mein eigener Herzenstakt entscheidet darüber, ob ich eher ein egoistischer Mensch bin und weniger zurückgebe, als ich bekomme, oder eben mehr, als mein Partner mir gibt. Wiederum sollte es für meinen Partner nicht wichtig sein, ob er viel von mir dafür bekommt, für all das, was er gibt.
Die Quintessenz des Ganzen ist, dass niemals das Gefühl entstehen sollte: „Es ist mir egal, ob du da bist oder nicht." Gleichzeitig sollte ich auch nicht das Gefühl vermitteln: „Ich bin ohne dich nichts wert und ich definiere mich nur über eine Beziehung zu dir."
Ein gesunder Grad an Eifersucht tut sicherlich jeder Beziehung gut und doch gibt es eine sehr sensible Grenze, ab wann sie eine Beziehung zerstört.
Ebenso ist es mit der Freiheit. Ein gewisser Grad an Freiheit muss in jeder Beziehung Platz finden. Vermittelt diese Freiheit jedoch das Gefühl von Gleichgültigkeit, beschädigt dies auch das wichtige Gefühl, geliebt zu werden.

DAS GROSSE GANZE

Warum holen wir hier so weit aus, wenn es doch „nur" um Pferde geht? Ganz einfach, es geht im Leben niemals nur um Pferde oder nur um eine Beziehung. Es geht eigentlich immer um das große Ganze, bei dem alles ineinandergreift.

Versuche ich mein Pferd zu dominieren und teile ihm dadurch mit, du MUSST bei mir bleiben, fühlt es sich irgendwann in seiner Freiheit beschränkt und möchte aus unserer „Beziehung" ausbrechen.

Bekommt es jedoch den Eindruck, es wäre mir egal, ob es bei mir bleibt – und noch schlimmer, ich wäre vielleicht überzeugt davon, dass es ohne mich nicht überlebensfähig/verloren wäre, dann können zwei Dinge passieren. Zum einen erziehe ich mir ein Pferd ohne Selbstvertrauen. Zum anderen bricht mein Pferd aus unserer „Beziehung" aus, um jemanden zu finden (in der Regel ein anderes Pferd), der ihm das Gefühl vermittelt, gebraucht und respektiert zu werden. Das erklärt in vielen Fällen, warum manche Pferde Schwierigkeiten haben, mit dem Reiter allein den Stall zu verlassen und lieber bei den Koppelkollegen bleiben möchten. Ebenso erklärt es in vielen Fällen, warum Pferde sich nicht auf ihre Arbeit in der Halle konzentrieren, sondern in ein stetiges Wiehern mit ihren Boxennachbarn verfallen.

Das Hobby Pferd ist ganz oft auch eine Lebenseinstellung und beeinflusst ganz gewiss, unsere Art zu leben.

GUTE GEFÜHLE

Einfach nachvollziehbar ist für viele Menschen Folgendes: Wenn sich ein Partner in der Beziehung vertrauensvoll mit den Worten an sein Gegenüber wendet: „Ich habe jemanden kennengelernt, der mir ein gutes Gefühl gibt, mit dem ich etwas unternehmen möchte, weil es mir in seiner Gesellschaft sehr gut geht", dann führt dies meist zum ernsten Problem und Eifersucht, weil sich das Gegenüber vor den Kopf gestoßen, eventuell sogar minderwertig fühlt, aus Angst, dass diese neu auftauchende Person, die Beziehung zerstören könnte. Es entsteht also Eifersucht, statt Freude darüber, dass der Partner tatsächlich so viel Vertrauen aufbringt, seine innerste Gefühlswelt zu äußern. Deshalb können sich die meisten nicht öffnen und sehen sich gezwungen, Gefühle und Wünsche selbst der Person des größten Vertrauens gegenüber geheim zu halten.

Sich aufeinander einlassen bedeutet, dass wir die Charaktereigenschaften des Pferdes akzeptieren und respektieren.

Dies kann sehr belastend sein und mehr Schaden anrichten, als alles andere es gutmachen kann.
Wenn ich wirklich möchte, dass es meinem Partner gut geht, er aus tiefstem Herzen glücklich ist und mir das so oft erwähnte Vertrauen in einer Beziehung so wichtig ist, dann muss ich auch ein Stück weit loslassen können. Andersherum muss mein Partner verstehen, dass er mir ab einer gewissen Grenze Schmerzen zufügt und es ihm nicht egal sein darf, wie es mir geht.
Vielleicht ist an dieser Stelle gut zu erkennen, wie ernst wir das Zusammenleben mit Pferden sehen und was wir damit meinen: Wir leben unser Leben in manchen Punkten einfach anders. In der Realität ist es oftmals nicht so leicht umzusetzen. Es ist ein Prozess, in dem man sehr viel arbeiten kann, um dem Ideal jeden Tag etwas näher zu kommen.
Die Beziehung zu einem Pferd funktioniert genauso. In manchen Dingen sogar einfacher, da uns Pferde sehr direkt zeigen, an welcher Stelle sich unsere Beziehung gerade jetzt, in dieser Sekunde, befindet, und das kontinuierlich immer dann, wenn wir mit ihnen zusammen sind. Es gibt kein Netz, keinen doppelten Boden und kein Verstellen.

Die Freude im Zusammensein mit Pferden ist für uns ein MUSS, damit es beiden Spaß macht und das Training erfolgreich sein kann.

Definition Problem

Schlägt man das Wort „Problem" im Duden nach, erhält man folgende Definition:
„1. schwierige [ungelöste] Aufgabe, schwer zu beantwortende Frage, komplizierte Fragestellung.
2. Schwierigkeit."

Definition „Schwierigkeit"

„1. etwas, was in der Verwirklichung eines Vorhabens o. Ä. im Wege steht und nicht ohne Weiteres zu bewältigen ist; Problem.
2. etwas, was für jemanden sehr unangenehm ist, was jemandem Ärger, Sorgen o. Ä. bereitet, was jemanden behindert, was jemandem das Leben schwer macht."
Wir finden, das beschreibt es eigentlich sehr gut und wenn wir darüber nachdenken, finden wir im täglichen Zusammensein mit unseren Pferden sehr viele Situationen, die zu diesen Definitionen „Problem/Schwierigkeit" passen.

JEDER AUGENBLICK IST EIN NEUER ANFANG

Selbst wenn wir in unserer Beziehung zum Pferd aus Unwissenheit, Fehleinschätzung oder -interpretation Fehler machen, so gibt es doch jeden Tag wieder eine neue Chance, unsere Beziehung auf die beste Basis zu stellen, die wir uns zusammen erarbeiten können. Wir denken, das ist einer der wichtigsten Punkte, die wir als Menschen von Pferden lernen können.

Ab wann ist ein Problem ein Problem?

Respekt und Vertrauen sind die Basis für eine gute Beziehung.

Eventuell sollten wir hier versuchen, eine Grenze zwischen Kleinigkeiten zu finden, mit denen man leben kann, vielleicht sogar leben muss, weil auch der Charakter mancher Lebewesen nicht vergessen werden darf. Auf der anderen Seite gibt es dann aber grenzwertige Situationen, die unter Umständen sogar gefährlich werden können. Die Einschätzung, ob ein Problem wirklich ein Problem ist, obliegt jedem selbst, da die Reizgrenze eines jeden Menschen unterschiedlich ist. Gesunder Menschenverstand ist hier ein guter Ratgeber. An dieser Stelle lohnt es sich, Tom Dorrance zu zitieren: „Wir tolerieren oftmals ein Verhalten von Pferden uns gegenüber, welches wir von einem Menschen niemals hinnehmen würden." Leider gelten viele Dinge oft als normal und werden mit den Worten „Der ist halt so" begründet. Die Antwort einer von Bernds Kursteilnehmerinnen auf die Frage, woran sie denn gerne arbeiten möchte: „Große Probleme haben wir an sich nicht, außer, dass er im Gelände ab und zu mal losbockt, wenn er gut drauf ist, aber wenn man runterfällt, hält er eigentlich gleich an und läuft nicht weg." Dieses Verhalten ist aus unserer Sicht ein No-Go und es besteht dringender Handlungsbedarf. Solch ein Verhalten einfach nur „auf gute Laune" zu schieben, fällt deutlich in den Bereich des Schönredens seitens der Besitzerin.

1

2

HALTUNGSBEDINGUNGEN PRÜFEN

Grundsätzlich gilt zu beachten, wie die Haltungsform meines Pferdes (genügend freie Bewegungsmöglichkeiten, Kontakt mit Artgenossen) ist. Welche Haltungsform für das jeweilige Pferd ideal ist, lässt sich aus unserer Sicht nicht pauschal beantworten. Die Meinung „Offenstall ist für alle gut“ ist aus unserer Erfahrung nicht immer zutreffend und stark abhängig davon, wie die einzelnen Herdentiere untereinander klarkommen und kommunizieren.
Allerdings ist eine reine Boxenhaltung indiskutabel. Wichtig ist, sein Pferd richtig einzuschätzen und das Verhalten zu beobachten, um auftretende Auffälligkeiten beurteilen zu können. Sogenannte Unarten wie Koppen, Weben, Gitterwetzen oder unruhiges Auf- und Ablaufen auf dem Paddock/der Graskoppel, um nur ein paar Beispiele zu nennen, sind aus unserer Sicht keine Unart, sondern eher ein Hilfeschrei der Pferde, weil etwas schiefläuft. Hier ist es ratsam, nach der Ursache zu suchen.

GANZHEITLICHER ANSATZ

Der Begriff „Ganzheitliches Pferdetraining“ ist leider mittlerweile zu einem Modewort verkommen, für uns

3

1 Die 7P-Ranch ist mehr als nur ein Ort – sie ist ein Zuhause für Herz und Seele, ein Ort, an dem Gemeinschaft, Vertrauen und Natur eins werden.

2 Unsere Trainingspferde wohnen in großzügigen Paddockboxen.

3 Der Koppelgang ist gerade für die Psyche der Pferde sehr wichtig.

4 Die Pferde bei uns auf der Ranch haben 24 Stunden Zugang zu Raufutter.

4

aber essenziell. Es geht uns im Pferdetraining nicht nur darum, ein Pferd schnellstmöglich reitbar zu machen, sondern vor allem erst mal um die physische und psychische Losgelassenheit. Dazu gehört auch, dass jedes Zahnrad ineinandergreift.
Das beinhaltet aus unserer Sicht die richtige Haltungsform (von Pferd zu Pferd unterschiedlich), einen guten Hufschmied, dem seine Schützlinge am Herzen liegen, die richtige Fütterung, darauf abgestimmtes Training, ein guter Tierarzt/Osteopath und/oder Physiotherapeut, passendes Equipment (Sattel usw.), gute Stimmung am Hof usw. Nicht zuletzt muss die Kommunikation „zwischen den Zahnrädern" möglichst reibungslos stattfinden.

Checklisten

Um Pferdverhalten leichter bewerten zu können, haben wir hier einfache Checklisten erstellt, die dich auf deinem Weg unterstützen können. Die Listen sind als kleine Hilfe gedacht, um einschätzen zu können, an welchem Punkt man steht und ob dringender Handlungsbedarf besteht, oder ob grundsätzlich gute Stimmung vorherrscht.

Manchmal kann es nicht schaden, dass Zusammenleben mit dem Pferd zu analysieren, um Schwachstellen zu entdecken und reell einzuschätzen.

Tipp

Hier eine ernstgemeinte Empfehlung von uns: Arbeite die Listen in aller Ruhe durch, nur für dir selbst, und hänge es nicht an die große Glocke. Wovor wir dich bewahren möchten, sind Stallkollegen und Mitreiter, die dich zum einen eventuell durch stetiges Nachfragen und ständiges Infrage-Stellen deiner eigenen Einschätzung unter Druck setzen, zum anderen ist Beziehungsarbeit kein öffentlicher Wettbewerb.

BEZIEHUNGS-CHECK 1 **BASIS**

Wie verhält sich mein Pferd?

Wenn ich die Box betrete, …	1	nimmt es höflich Kontakt auf
	3	dreht sich mein Pferd von mir weg
	5	droht es mir mit angelegten Ohren
Wenn ich mein Pferd aufhalftern möchte, …	1	senkt es höflich den Kopf ab und taucht ins Halfter
	3	nimmt es den Kopf hoch, um sich zu entziehen
	5	läuft es vor mir weg
Wenn ich mein Pferd putze, …	1	genießt es die Fellpflege und steht ruhig
	3	ist es unruhig und wirkt angespannt
	5	schubst und schiebt es mich weg
Wenn ich mein Pferd führe, …	1	läuft es entspannt hinter mir
	3	ist es nervös und unruhig
	5	bedrängt und schubst es mich
Wenn ich mit meinem Pferd arbeite, …	1	arbeitet es willig mit
	3	ruft es nach seinen Kollegen und ist unkonzentriert
	5	ist es hektisch, möchte sich losreißen oder tritt gar nach mir

Oftmals sind es Kleinigkeiten, auf die es ankommt, um Probleme zu vermeiden.

BEZIEHUNGS-CHECK 2 **ALLTÄGLICHER UMGANG**

Wie verhält sich mein Pferd?

Wenn ich die Hufe auskratzen möchte, …	(1) gibt es höflich alle vier Hufe (3) legt es sich mit Gewicht auf meine Hand und hält den Huf nicht still (5) zieht es mir den Huf aus der Hand oder tritt nach mir
Wenn ich mein Pferd anbinde, …	(1) steht es still und wartet höflich (3) ist es unruhig und wirkt nervös (5) scharrt es extrem, steigt, reißt Stricke kaputt
Wenn ich mein Pferd satteln möchte, …	(1) steht es ruhig (3) versucht es dem Sattel auszuweichen, wirkt angespannt (5) zieht es rückwärts am Strick, rempelt mich an
Wenn ich mein Pferd auftrensen möchte, …	(1) steht es ruhig, senkt den Kopf und nimmt das Zaumzeug willig an (3) versucht es sich zu entziehen, durch Heben des Kopfes und Wegdrehen (5) muss ich es mit dem Halfter um den Hals sichern, deutliche Abwehr gegen das Auftrensen
Wenn ich mein Pferd in der Halle reiten möchte, …	(1) geht es entspannt im Schritt am losen Zügel (3) ist es angespannt und unkonzentriert; es dauert, bis die Lösungsphase eintritt (5) muss ich auf einer kleinen Volte beginnen; jeder Ritt ist anfangs ein Abenteuer für mich

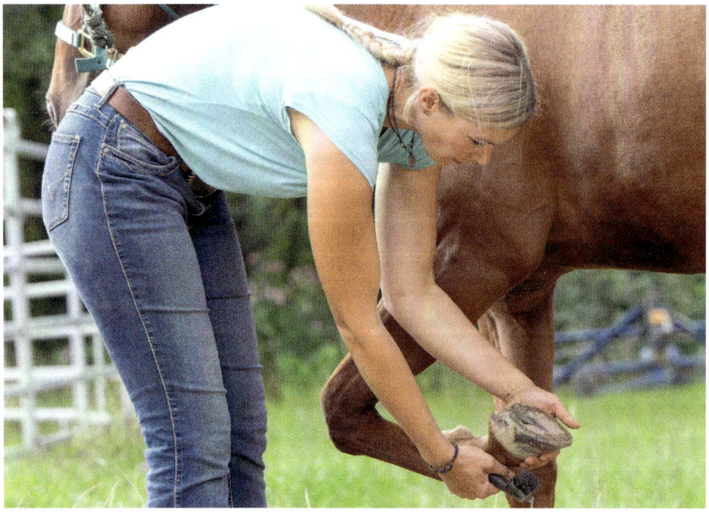

In Selbstverständlichkeiten stellt sich meist heraus, wie weit die Höflichkeit von Mensch und Pferd zueinander reicht.

Manche Dinge, die einem Pferd unangenehm erscheinen, müssen Schritt für Schritt erarbeitet werden.

BEZIEHUNGS-CHECK 3 **PFLEGE**

Wie verhält sich mein Pferd?

Wenn ich das Euter/die Schlauchtasche meines Pferdes reinigen möchte, …	(1) lässt sich mein Pferd Euter/Schlauchtasche anfassen und reinigen (3) spannt mein Pferd beim Reinigen die Bauchmuskulatur an, evtl. Quietschen bei Stuten (5) legt mein Pferd die Ohren an, versucht zu beißen und/oder zu treten
Wenn ich bei meinem Pferd Fieber messen möchte, …	(1) steht es still und ist höflich (3) steht es nicht still und ich benötige die Hilfe einer weiteren Person (5) klemmt es die Schweifrübe ein, tritt eventuell und versucht sich zu entziehen
Wenn ich meinem Pferd die Wurmkur geben möchte, …	(1) steht es ruhig und ich brauche kein Halfter (3) brauche ich ein Halfter und etwas Überzeugungsarbeit (5) darf mein Pferd vorab die Wurmkur nicht sehen, ich benötigte Kraft und Tricks
Wenn ich mein Pferd mit Fliegen- oder Mähnenspray einsprühen möchte, …	(1) steht es ruhig und still (3) versucht es sich zu entziehen, durch Wegdrehen und Rückwärtsgehen (5) wird es panisch und versucht zu flüchten
Wenn ich mein Pferd mit dem Wasserschlauch abwaschen möchte, …	(1) steht es ruhig und still (3) ist es angespannt und tänzelt (5) wird es panisch und ich kann maximal die Beine abspritzen

BEZIEHUNGS-CHECK 4 **DER MENSCH**

Wie geht es mir?

Wenn ich bei meinem Pferd bin, …	1	fühle ich mich wohl und kann den Alltagsstress vergessen
	3	fühle ich mich relativ wohl, bin aber ungern ganz allein mit dem Pferd
	5	habe ich regelmäßig ein schlechtes Gefühl, manchmal sogar Angst vor meinem Pferd
Wenn ich Bodenarbeit mit meinem Pferd mache, …	1	ist mir klar, dass mir nichts passieren kann und habe Spaß
	3	bin ich angespannt und unsicher
	5	gibt es manchmal gefährliche Situationen und ich fühle mich oft unwohl
Wenn ich mein Pferd reite, …	1	ist mir klar, der sicherste Ort der Welt ist der Rücken meines Pferdes
	3	mache ich mir Sorgen bei Ablenkungen und Geräuschen
	5	habe ich Angst, die Kontrolle zu verlieren, bin stets auf der Hut und angespannt
Wenn ich mein Pferd verladen möchte, …	1	bin ich entspannt, weil es zuverlässig einsteigt
	3	mache ich mir Sorgen, weil es immer eine Zeit lang dauert und ich eine zweite Person benötige
	5	ist es jedes Mal ein Drama und ich habe Angst davor, verladen zu müssen
Betrachte ich die Beziehung zu meinem Pferd genauer, …	1	ist es das Beste, was mir je in einem Leben passieren konnte
	3	sehe ich es als meine Aufgabe, mit dem Pferd zu wachsen
	5	ist es für mich Stress pur und ich habe eigentlich keinen Spaß mehr daran

Auswertung

Jede Checkliste gilt es einzeln zu bewerten. Notiere dir die Ergebnisse.

bis 5 Punkte	Herzlichen Glückwunsch, eure Beziehung scheint auf einer respektvollen Basis zu stehen. Diese ist der Anfang einer guten Zusammenarbeit zwischen dir und deinem Pferd.
bis 14 Punkte	Wie in jeder Beziehung gibt es scheinbar auch zwischen dir und deinem Pferd noch einige Dinge zu verbessern. Das Betrachten eurer Zusammenarbeit aus verschiedenen Blickwinkeln, eventuell konsequenteres Einhalten von Regeln, kann dich dabei gut unterstützen.
mehr als 15 Punkte	In der Beziehung zu deinem Pferd scheinen einige Punkte ungeklärt, in Hinblick auf Respekt und Vertrauen. Wir würden dir empfehlen, Hilfe zu suchen und dich gegebenenfalls bei der Arbeit mit deinem Pferd unterstützen zu lassen.

Ein Pferd lieben bedeutet, auch Ecken und Kanten zu akzeptieren.

Flames Checklisten-Ergebnisse

Basis: 9 Punkte; Täglicher Umgang: 7 Punkte; Pflege: 13 Punkte; Der Mensch: 5 Punkte

Warum gehen wir hier so explizit auf dieses Pferd ein? Weil es uns ein großes Anliegen ist, euch Lesern zu vermitteln, dass wir uns zwar bemühen, unsere Pferde so gut wie möglich auszubilden, jedoch immer auch der Charakter des Pferdes eine Rolle spielt.

Aus unserer Sicht beginnt im Training ab einem gewissen Punkt eine charakterliche Veränderung im Pferd, die wir tunlichst vermeiden möchten. Unser Ziel ist natürlich immer ein psychisch und physisch losgelassenes Pferd und wir möchten Stress vermeiden. Trotz allem müssen die Pferde lernen, mit Stress umzugehen und „gesellschaftstauglich" zu werden. Ein Pferd mit einer geringen Reizschwelle muss nicht auf Biegen und Brechen knochencool werden, aber trotzdem zuverlässig und händelbar.

Das bedeutet, die Pferde dürfen nach wie vor gerne wach und „in Mind" sein. Wir hatten auch schon Pferde, die einfach aufgrund ihrer Zuchtlinien unter dem Reiter hochelektrisch waren und auf Außenreize sehr sensibel reagierten. Auch diese Pferde müssen kontrollierbar und in stressigen Situationen ansprechbar sein. Das bedeutet nicht, dass sie ihre Elektrizität und ihr Wachsein verlieren müssen. Beginnen wir im Training, die charakterlichen Eigenschaften unseres Pferdes massiv zu verändern und töten damit seinen „Spirit", so erziehen wir uns eine leere Hülle, von denen es leider mehr als genug zu finden gibt, vor allem in der Sportreiterei.

Um Charly Rome zu zitieren: „Manche Trainer kreieren Hochleistungsathleten mit Stolz im Blick, während andere es nur schaffen, willenlose Zombies hervorzubringen." Auf der 7P-Ranch gibt es ein ungeschriebenes Gesetz. Kommt ein charakterlich gesehen, sogenannter „Lump" zu uns ins Training, dann ist er das auch noch, wenn er die 7P-Ranch wieder verlässt. Von der psychischen Seite aus gesehen fördern oder bremsen wir als eine unserer Hauptaufgaben verantwortungsbewusst das Selbstbewusstsein, zusätzlich zur körperlichen Entwicklung der Pferde.

PARTNERSCHAFT

Für ein höfliches Miteinander braucht es jemanden, der den ersten Schritt macht. Denn eine gute Partnerschaft beginnt im Kleinen.

Das 1x1 des guten Benehmens

Grundsätzlich müssen Pferde eigentlich gar nichts, außer atmen, fressen, trinken, pinkeln und äpfeln. Zumindest, wenn sie nicht mit uns Menschen konfrontiert sind. Leben sie aber mit uns in dieser Welt, so gibt es Regeln, an die sie sich halten müssen, um das Zusammenleben für alle so sicher wie möglich zu machen.

Aufmerksam nach außen und doch weich uns gegenüber.

„BRAVES PFERD …"

Wir hören oft den Satz: „Der ist ganz brav, der tritt nicht, beißt nicht und steigt nicht."
Aus unserer Sicht ist das nicht brav, sondern sind ganz normale Grundvoraussetzungen. Das wäre ja, als würde man sagen: „Ich habe brave Kinder, die überfallen keine Omas im Stadtpark, haben noch nie eine Tankstelle ausgeraubt und zünden keine Häuser an."
Es können natürlich immer wieder Ausreißer, wie zum Beispiel unsere Stute Flame, dabei sein. Wie definieren wir ein braves Pferd? Ganz einfach: Es ist bemüht herauszufinden, was wir von ihm wollen, ohne ein Abwehrverhalten gegen unsere Handlungen zu zeigen.
Das Erste, was für uns bei Pferden wichtig ist: Sie müssen Grenzen akzeptieren und Abstand halten. Ständiges Überholen beim Führen oder Rempeln beim Putzen sind zum Beispiel No-Gos.

GRUNDLAGEN DER HALFTERFÜHRIGKEIT

Wir legen bereits bei der Grundausbildung der Pferde großen Wert darauf, dass sie beim Auf- und Abhalftern den Kopf weich absenken und willig

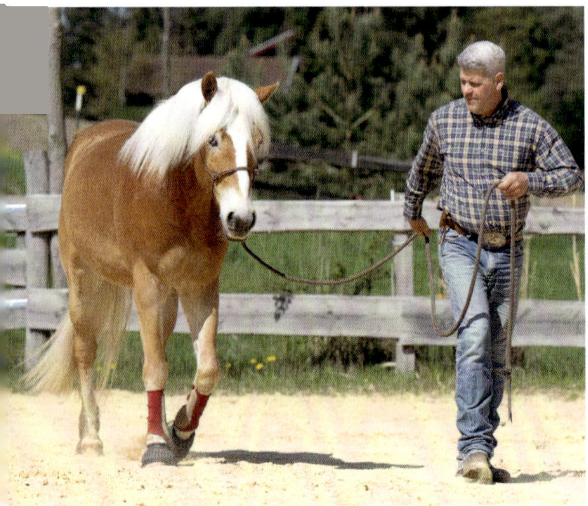

1

1 Führposition 1:
Das Pferd läuft hinter uns.

2 Führposition 2:
Wir befinden uns auf Höhe des Widerrists.

3 Führposition 3:
Wir befinden uns auf Höhe der Hinterhand bzw. hinter dem Pferd.

ins Halfter tauchen. Dabei ist es wichtig, dass Druck, den wir zum Beispiel mit unseren Händen auf das Pferd ausüben, nicht mit Gegendruck, sondern mit Nachgiebigkeit beantwortet wird. Fluchttiere haben in der Regel einen sogenannten Oppositionsreflex. Eines der wichtigsten Prinzipien, wenn wir mit Pferden zusammenarbeiten, ist, dass sie lernen müssen, ihren natürlichen Reflex aufzugeben, auf Druck oder Zug mit Gegendruck zu antworten.
Generell zielt unsere gesamte Hilfengebung darauf ab, dass Pferde dieses natürliche Verhalten einstellen und beginnen, nachgiebig zu reagieren. Sowohl auf unsere Körpersprache und Präsenz (indirekter Druck), als auch auf Berührungen unserer Hände bzw. Schenkel, Zügel, Führstrick usw. (direkter Druck). Auf dieses Thema gehen wir später noch genauer ein.

Drei Führpositionen

Des Weiteren sollten die drei Führpositionen reibungslos abrufbar sein, nämlich vor dem Pferd, als Führposition Nummer 1, neben dem Pferd, als Führposition Nummer 2 und hinter dem Pferd, als Führposition Nummer 3. Position Nummer 1, vor dem Pferd, ist uns dabei zunächst die Wichtigste. Das Pferd läuft dabei mit ca. einer halben Pferdelänge Abstand hinter uns. Bevor jetzt der Gedanke aufkommt, das wäre gefährlich, da das Pferd, wenn es nach vorne stürmt, die Führperson umrennt, sei angemerkt, dass ein Pferd in der Regel links und rechts genügend Platz hat, um auszuweichen. Wir sehen eher dieses typische seitliche Führen der Pferde von links als bedenklich an, da in einer Schrecksituation von rechts keinerlei Ausweichmöglichkeit für das Pferd vorhanden ist und viele Pferde die

2

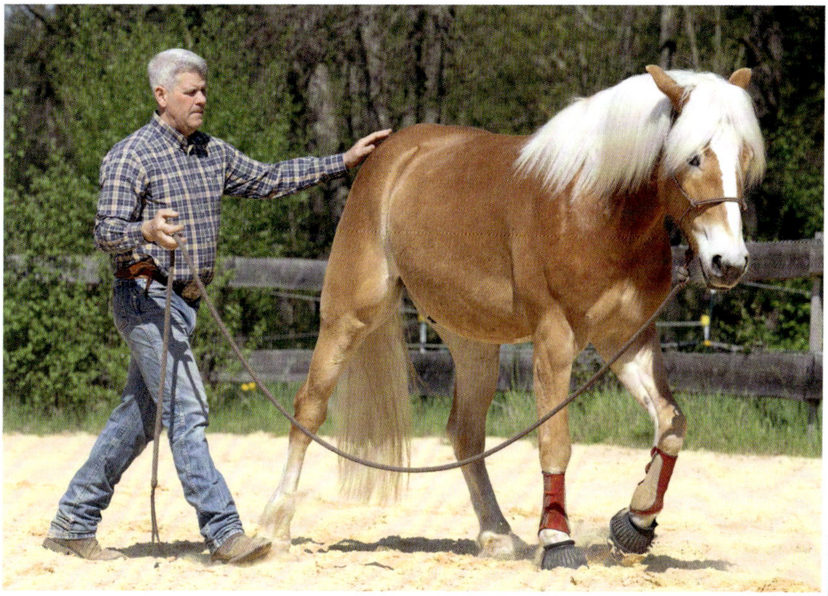

3

Führpersonen abdrängen, wenn nicht gar umrennen. Ist die Respektsbasis ausreichend geklärt, wird mein Pferd mich ebenso wenig anrempeln oder bedrängen, wie es das mit einem ranghöheren Herdenmitglied tun würde. Die ordentliche Halfterführigkeit ist aus unserer Sicht einer der wichtigsten Schlüssel zum braven Pferd. Das heißt auch, dass sich das Pferd an unser Schritttempo anpasst, sprich langsamer wird, wenn wir es werden (Abstand zu uns bleibt gleich) und schneller wird, wenn wir dynamischer vorwärtsgehen.
Sobald die Führperson steht, sollte auch das Pferd mit höflichem Abstand stehen bleiben. Wir erwarten ruhiges Stehen, solange wir uns nicht wieder in Bewegung setzen. Damit ist gemeint, die Pferde sollten uns nicht bedrängen, versuchen uns anzuknabbern, zu scharren oder unruhig zu

CHECKLISTE HALFTERFÜHRIGKEIT

Druck wird mit Nachgiebigkeit beantwortet

Kopf senken beim Auf- und Abhalftern

Williges Ins-Halfter-Tauchen

Die drei Führpositionen können abgefragt werden:
Vor dem Pferd
Neben dem Pferd
Hinter dem Pferd

Pferd passt sich dem Führtempo an

Höflicher Abstand

Anhalten, wenn Führperson steht

Ruhiges Stehen, mit höflichem Abstand

Grundsätzlich gehören noch weitere unzählige Einzelheiten zu einem ordentlich halfterführigen Pferd. Die Grundlagen für all diese Kleinigkeiten werden jedoch hier gelegt.

wandern. Gerne können sie den Kopf absenken und den Boden absuchen, ein bis zwei Schritte nach links oder rechts sind auch kein Problem.
Am liebsten wäre es uns natürlich, wenn die Pferde, solange unsere Pause dauert, anfangen zu dösen. Dieses Dösen kann nicht erzwungen werden, sondern es kommt mit zunehmendem Vertrauen und entsprechender Übung. Bei unruhigen, unkonzentrierten Pferden empfiehlt es sich, immer wieder kurze Pausen einzubauen, da es ihnen anfangs schwerfallen könnte, längere Zeit ruhig stehen zu bleiben.

WAS ICH KÖNNEN MUSS

Die schlechteste Voraussetzung, die aus unserer Sicht erstaunlich oft anzutreffen ist, sind Menschen, die scheinbar Sonntagabend die Idee hatten, sich ein Pferd zu zulegen. Montagmittag waren sie bereits bei einem Händler und spätestens Dienstagmorgen waren sie stolze Besitzer von …

– einem dreijährigen Friesenhengst
– einem fünfjährigen Araber
– einem ausrangierten Galopper
– einem Traber, direkt von der Rennbahn
– einem hochausgebildeten Dressurpferd
– einem Noriker-Schlachtfohlen
– oder einem kleinen Haflingerjährling, direkt aus dem Streichelzoo,

… um nur einige Beispiele zu nennen. Das sind sicherlich alles Pferde, die mit erfahrenen Personen einen guten Start in die Zukunft hätten und mit etwas Know-how, Geduld und Ideen gute Freizeitpartner werden könnten. Ein komplettes Greenhorn jedoch steuert unter Umständen auf eine Katastrophe zu. Auch wenn sich das seltsam anhört, der kleinste finanzielle Aufwand im Leben eines Menschen, der ein Pferd besitzt, ist in der Regel der Kaufpreis.
Ein entscheidender Punkt, der oft unterschätzt wird, sind zum Beispiel anfallende Kosten für Training/Korrektur/Unterricht. Ebenfalls fallen sehr oft Kosten an für Blutbild, osteopathische Behandlungen, Zahnbehandlungen, Ausrüstung usw.

»Ein Greenhorn ist gut beraten, sich ein ruhiges, erfahrenes und gut gerittenes Pferd zu kaufen.«

Fallbeispiel

Aus unserer Praxis kennen wir mehr als nur einen Fall, bei dem ein frisch gekauftes Pferd nach den ersten drei Wochen zu uns ins Training soll, weil es langsam aber sicher gefährlich wird, mit diesem Kandidaten umzugehen. Bei genauerer Nachfrage stellt sich heraus: Ivan, vierjähriger Reitwallach aus Rumänien, als familientaugliches Kinderreitpferd verkauft, war die erste Woche relativ brav. Plötzlich wurde er auf der Koppel schwierig einzufangen, aus heiterem Himmel begann er erst die Kinder anzugreifen und dann die Erwachsenen zu beißen. An der Longe riss er sich los, beim Reiten fing er plötzlich an, durchzugehen und hin und wieder loszubocken. Außerdem beschloss der Hufschmied, Ivan lieber nicht mehr zu besuchen, da erstens jeder Huf extrem in eine andere Richtung gewachsen und zweitens Ivan leider der Meinung war, dass Hufpflege total überbewertet wurde.
Der Arbeitsauftrag lautet dann in der Regel, man wünsche sich ein ca. achtwöchiges Training, bei dem man möglichst viel miteinbezogen wird, um selbst natürlich so viel wie mög-

lich zu lernen. Das alles soll selbstverständlich ohne Druck stattfinden, absolut stressfrei für dieses Pferd sein. Und wenn möglich, von den Kosten her möglichst niedrig sein, da es ja sicherlich für den Trainer eine besondere Herausforderung ist, der er sich gerne fast kostenlos annimmt. Wer den Sarkasmus dahinter nicht versteht, der möge sich diesen Absatz noch einmal durchlesen.
Worauf wir hinauswollen, ist, dass man vor dem Pferdekauf reell und ehrlich einschätzen sollte, wie es um die eigenen Fähigkeiten und Kenntnisse in punkto Pferd bestellt ist.
Bin ich zum Beispiel ein Späteinsteiger mit wenig Pferdeerfahrung, auf der Suche nach dem ersten eigenen Pferd, ist es aus unserer Sicht ratsam, ein im besten Fall ruhiges, erfahrenes, gut gerittenes Pferd zu suchen. Während ein erfahrener Reiter, der ehrlich mit sich selbst ist, sicherlich das passende junge Pferd finden kann, um es weiter zu fördern.

Wer das geeignete Pferd finden möchte, sollte mit einem ehrlichen Blick auf seine eigenen Fähigkeiten und Bedürfnisse beginnen.

PFERDEKAUF

Es gibt unzählige Themen, die auf der Suche nach einem Pferd durchdacht werden sollten. Würden wir hier unter anderem auch noch auf die Auswahl der geeigneten Rasse eingehen, so wäre der Rahmen dieses Buchs gesprengt. Kurz gesagt ist unsere Empfehlung, sich von erfahrenen Pferdeleuten bei der Suche nach dem geeigneten Pferd unterstützen zu lassen.

Ehrlich zu sich selbst

Trotz sorgfältiger Auswahl und Überlegungen vor dem Pferdekauf trifft es der abgedroschene Satz: „Pferde sind der Spiegel deiner Seele“ dennoch sehr häufig im Kern. Ein hibbeliger, nervöser Mensch wird selten ein ruhiges Pferd an seiner Seite haben, ebenso wie ein phlegmatischer, träger Mensch oftmals ein faules Pferd als Partner hat.

Wichtiger als jede Arbeit mit dem Pferd ist aus unserer Erfahrung, dass der Besitzer seine eigene Energie kontrollieren kann. Dabei darf jedoch die Natürlichkeit nicht verloren gehen. Man kann Pferde nicht überlisten. Sie merken und fühlen, ob Energie „echt“ ist oder gespielt. Je natürlicher unser konsequentes Auftreten dem Pferd gegenüber ist, desto besser nimmt es uns als Leitfigur wahr.

Im Training sind wir oft konfrontiert mit Menschen, die durch übertriebene Gestik oder künstliche Anspannung dem Pferd ihre „Präsenz“ demonstrieren möchten. Unter dem Strich ist es jedoch meist ein Zeichen von Unsicherheit, welches zu diesen überzogenen Handlungen (energisches Aufstampfen, übertriebenes Schulternhochnehmen, ruckartige Bewegungen, teilweise auch eine sehr laute Stimme usw.) führt. Wenn mir klar ist, welches die nächstmögliche Reaktion meines Pferdes ist bzw. sein kann, werde ich nicht überrascht und bin bestenfalls mit meiner Reaktion dem Pferd sogar einen Schritt voraus.

1

Gemeinsames Joggen verbessert nicht nur die Beziehung, sondern macht Reiter und Pferd fit.

Fitness

Eine gewisse Beweglichkeit und Fitness sollten aus unserer Sicht definitiv vorhanden sein. Allzu oft scheitert das Training im Ansatz, weil dem Besitzer bereits in den ersten Minuten die Luft ausgeht. Yoga und Pilates sind zum Beispiel eine gute Möglichkeit, fitter zu werden, positive Körperspannung zu erlangen und das Gleichgewicht zu verbessern. Zusammenfassend gesehen ist es wichtig, dass wir bereit sind, an uns zu arbeiten. Sei es auf körperlicher, emotionaler oder Bildungsebene, um den Pferden Tag für Tag gerechter zu werden.

Ein souveränes und authentisches Auftreten ist im Umgang mit Pferden von großer Bedeutung.

2

Pferde suchen in der Regel Menschen, die gut auf sie aufpassen. Eine konsequente und liebevolle Führung gibt ihnen die Sicherheit, die sie brauchen.

Vorbeugen: Damit es nicht zu Problemen kommt

Wie bereits erwähnt, sind gewisse Grundregeln und im Optimalfall eine gute Grundausbildung das A und O im Zusammenleben mit Pferden. Wir haben nachfolgend eine Reihenfolge erstellt, wie bestenfalls die Beziehung zum Pferd Stabilität erlangen kann.

1. KONSEQUENZ UND FÜHRUNG

Die aus unserer Sicht wichtigste Komponente für eine stabile Basis sind Konsequenz und Führung. Dabei sollte man wissen, das Konsequenz nicht böse ist, sondern ein geregeltes, immer gleiches, zuverlässiges Handeln.
Konsequenz und Führung führen dazu, dass sich die Pferde in unserer Gegenwart „gut aufgehoben" fühlen. Pferde denken einfach und sind im Hier und Jetzt. Danach sollten auch wir unser Handeln ausrichten. Nichts löst in einem Pferd mehr Unsicherheit aus als eine plötzliche Meinungsänderung.
Um es mit einem Beispiel zu erklären: Wir sind an einem schönen Sommertag mit dem Pferd spazieren, welches gerne grasen möchte. Drei Anfragen des Pferdes, grasen zu dürfen, werden von uns mit „Nein" beantwortet. Beim vierten Mal sind wir genervt und lassen es dann eben grasen.

OPTIMALE REIHENFOLGE DER GRUNDREGELN

1. Konsequenz und Führung
2. Respekt und Vertrauen
3. Partnerschaft herstellen bzw. erhalten
4. Psychische und physische Losgelassenheit
5. Weich und leicht
6. Direktes und indirektes Gefühl
7. Verantwortungsbewusst Selbstbewusstsein fördern
8. Energie aufbauen und zurücknehmen
9. Arbeit an Kondition und Muskulatur
10. Passendes, geeignetes Equipment

Die Arbeit im Roundpen ist ein wichtiger Baustein, um eine klare und ehrliche Kommunikation mit dem Pferd zu etablieren.

Was lernt unser Pferd daraus? Fragt es oft genug nach, ändere ich meine Meinung und werde inkonsequent. Wenn das beim Grasen funktioniert, warum sollte dieses System nicht auch Erfolg haben, wenn es zum Beispiel den Bach nicht überqueren möchte, nicht angaloppieren will oder eventuell den Hof nicht verlassen möchte. Dazu gehört für uns auch das Füttern aus der Hand. Wie oft haben wir den Satz gehört: „Eigentlich bekommt er nichts aus der Hand, aber …" und treffen dann auf Pferde, die sich nicht an Regeln halten.

Es beginnt meist im Kleinen und ist vergleichbar mit dem Gesellschaftsspiel „Lass den Turm stehen". Wird eines der Teile an der Basis entfernt, ist es meist kein Problem. Auch zwei und drei fehlende Teile steckt dieses Gebilde locker weg. Mit zunehmendem Fehlen der Teile wird der Turm instabil und beginnt zu wackeln. Berührt man ihn vorsichtig, passiert noch nicht viel. Eine unbedachte Bewegung jedoch führt definitiv zum Einsturz.

Das erklärt, bezogen auf das Pferdetraining, warum aus unserer Sicht dringender Handlungsbedarf bei Reitern besteht, die in den ersten zehn Minuten auf einem angespannten Pferd sitzen und sich nichts anzufassen trauen. Der Turm ist extrem instabil und die kleinste Unachtsamkeit führt eben zum Einsturz.

2. RESPEKT UND VERTRAUEN

Die oft gestellte Frage: „Liebt mich mein Pferd?", führt manche Menschen bereits beim Beginn der Zusammenarbeit mit einem Pferd in die Sackgasse. Um dieses „Geliebtwerden" vom Pferd irgendwie möglich zu machen, ist man dann extrem vorsichtig und nimmt unter anderem ein Verhalten des Pferdes in Kauf, das wir uns von einem Menschen oder vielleicht sogar von einem Hund, niemals gefallen lassen würden. Da wird geschubst, gedrückt, bedrängt, gebettelt und wo ein klares Nein erforderlich wäre, kommt oftmals nur eine zögerliche Reaktion, die das Pferd nicht einordnen kann. Respekt einzufordern hat nichts mit Gewalt zu tun, sondern mit klarer, für das Pferd verständlicher Kommunikation.

Klare Regeln

Der Hauptgedanke „Bitte liebes Pferd, komm zu mir“ existiert in dieser Art am Anfang in unserem Training nicht. Um die Kommunikation zu Beginn so einfach wie möglich zu halten, starten wir mit der ersten Aufforderung, die da lautet: „Bitte liebes Pferd, bewege dich von dem Ort weg, auf dem du gerade stehst.“

Wir beanspruchen also den Platz, auf dem das Pferd steht, für uns. Dies geschieht nicht hektisch oder gar aggressiv, sondern in aller Ruhe und ohne wildes Gestikulieren oder scheuchende Geräusche.

Im Idealfall weicht das Pferd einfach deshalb, weil sich unser Körper zielstrebig auf ein Ziel zubewegt. Bemerkt man nun auf dem Weg zu unserem Punkt, dass das Pferd nicht willens ist, diesen Fleck zu räumen, so beginnen wir, mit einem Geräusch, weichen Bewegungen und eventuell einem Fähnchenstab, das Pferd zu treiben. Der Situation angepasst kann dies mit mehr oder weniger Energie geschehen.

Der wichtigste Punkt liegt darin, das Treiben in dem Moment zu beenden, in dem das Pferd beschließt, zu gehen. Wir kommen an dem Ort zur Ruhe,

kümmern uns nicht um das Pferd, bis es ebenfalls woanders Pause macht, um dann wieder in aller Ruhe von vorne zu beginnen.
Dieses Wegschicken von verschiedenen Plätzen, die wir für uns beanspruchen, führt beim Pferd zu zwei grundlegenden Erkenntnissen:
1. Wenn dieser Mensch einen Ort für sich beansprucht, fordert er mich höflich auf zu gehen. Reagiere ich nicht, ist der Mensch auch bereit, den Druck zu erhöhen, bis ich mich bewege.
2. Sobald ich mich bewege, hört der Mensch mit seinen druckerzeugenden Handlungen auf, da es ihm tatsächlich nur darum ging, dass ich von diesem Ort weiche.

Neugierde wecken

Dies weckt in der Regel die Neugierde vom Pferd und es beginnt sich zu fragen: „Was macht der Mensch eigentlich ständig an den Orten, an denen ich war?" Außerdem erzeugt es die erste Spur von Vertrauen, da das Pferd lernt, dass es sich darauf verlassen kann, dass ich meine Handlungen einstelle, sobald es beginnt, seine Beine zu bewegen. Generell möchten wir im Pferd den Gedanken erzeugen: „Sobald ich meine Beine bewege (im Idealfall in die gewünschte Richtung), kann ich zur Ruhe kommen."
Vertrauen wächst vor allem daraus, dass unsere Pferde mehr und mehr verstehen, dass wir nichts Unmögliches von ihnen fordern und dass wir aufhören, etwas einzufordern, sobald sie auch nur daran denken, auf unsere Aufforderung hin zu reagieren. Genau aus diesem Grund ist es bei unserer Art von Training sehr wichtig, mit größtmöglicher Ruhe vorzugehen, bei gleichzeitig konsequentem Einfordern einer Reaktion auf unser Handeln.

3. PARTNERSCHAFT HERSTELLEN BZW. ERHALTEN

Die Entstehung von Respekt und Vertrauen führt uns mehr und mehr in eine sich bildende Partnerschaft zwischen Pferd und Mensch. Diese gilt es, solide aufzubauen, zu festigen und zu erhalten. Aus unserer Sicht gibt es mit einem Pferd keine solide Partnerschaft, die 50/50 aufgeteilt ist. Im

Beim Putzen entsteht Nähe – so lernen wir die Lieblingsstellen unseres Pferdes kennen und vertiefen die Verbindung.

Bereits während des Putzens nehmen wir wahr, wie sich unser Pferd heute fühlt und bemerken Veränderungen frühzeitig.

Idealfall landen wir irgendwann bei 51 zu 49 Prozent. Die Stimmenmehrheit beansprucht dabei in der Regel immer der Mensch. Dafür gibt es zwei Gründe:

1. Das Pferd soll wissen und darauf vertrauen können, dass ich aufgrund meiner Stimmenmehrheit Entscheidungen treffe, die nicht infrage gestellt werden, da sie unser beider Überleben sichern.

2. Da wir uns in der Regel im Zusammenleben mit Pferden in der Menschenwelt bewegen, können wir etwaige Gefahren für das Pferd frühzeitig erkennen und besser einschätzen.

Wir bereiten Pferde darauf vor, künftig einen Job auf einer Ranch ausführen zu können, deshalb möchten wir, dass die Pferde darauf vertrauen und davon ausgehen, dass wir als Team unschlagbar sind.

1

2

3

4. PSYCHISCHE UND PHYSISCHE LOSGELASSENHEIT

Wenn es um Losgelassenheit im Allgemeinen geht, stellen wir die psychische Losgelassenheit voran. Wichtiger als das Training des Körpers ist aus unserer Sicht das Training des Gehirns, da im Gehirn die größte Schwierigkeit für das Fluchttier Pferd in der Zusammenarbeit mit uns liegt.

Es gibt einen schönen Spruch, der da lautet: „Locker beginnt IM Kopf des Pferdes." Das bedeutet, noch bevor eine Hilfe, zum Beispiel eine Zügelhilfe, im Maul des Pferdes ankommt, entscheidet das Gehirn des Pferdes, ob es beim Anfassen des Zügels denkt: „Oh Gott, er hat den Zügel angefasst, hoffentlich gibt es keine Schwierigkeiten", oder: „Oh, du fasst den Zügel an? Was kann ich für dich tun?". Dieser erste Gedanke entscheidet darüber, ob die Muskulatur unseres Pferdes fest wird und sich verspannt, oder ob unser Pferd mit entspannter Muskulatur locker auf den Zügel reagiert. Ebenso verhält es sich mit dem Rest unseres Körpers. Ab einem gewissen Punkt in der Ausbildung sollte unser

ENTSPANNUNG BEGINNT IM GEHIRN

Das Ziel unseres Trainings ist es, die Hilfen so weit zu minimieren, dass im Idealfall nur noch das Andeuten der Hilfen dazu führt, dass die Pferde reagieren. Dies sollte manöverabhängig immer mit der maximal möglichen Entspannung im Pferdekörper stattfinden. Diese Entspannung hat ihren Ursprung immer im Gehirn des Pferdes.

1 In unserem Training ist die Arbeit vom Zaun aus ein wichtiger Bestandteil.

2 Das Anrangieren unterstützt auch das Desensibilisieren gegenüber Berührungen, die von oben kommen.

3 Dabei lernt das Pferd unter anderem, den Menschen auf seinem Rücken mit zwei Augen wahrzunehmen.

Pferd nicht mehr auf die Einwirkung der Zügel bzw. den Einsatz des Schenkels bzw. den Einsatz des Reitergewichts reagieren, sondern schlicht und ergreifend aus dem Erkennen der Körperdynamik schlussfolgern, wie wir uns wann, wohin und wie schnell mit ihm bewegen möchten.

Fluchtreflex deaktivieren

Die Schwierigkeit dieser Aufgabe besteht darin, dass ein Pferd von der Natur als Fluchttier konzipiert ist. Der erste natürliche Reflex eines Pferdes besteht darin, „irrational" zu handeln, die Muskulatur anzuspannen und so schnell wie möglich wegzulaufen. Nach einer Fluchtdistanz von 600 bis 900 Metern setzt in der Regel das „rationale Denken" des Pferdes wieder ein. Verantwortlich dafür ist unter anderem die Amygdala im Gehirn des Pferdes. Alle anderen Bereiche werden im Fluchtmodus auf ein Minimum reduziert und der einzig vorherrschende Gedanke ist: Überleben. Diesen Bereich des Gehirns gilt es bestenfalls zu trainieren. Er soll im Laufe der Ausbildung immer weniger aktiv werden.
Ziel ist es, den Fluchtreflex des Pferdes so gut es geht zu deaktivieren. Verschiedene Übungen im Training werden gezielt dazu eingesetzt, den Pferden zu erklären, dass manche Situationen (Plane, Fahnen, Bälle usw.) zwar bedrohlich wirken, jedoch in unserem Beisein absolut ungefährlich sind und das Pferd sich darauf verlassen kann, dass ich mich als „Anführer" darum kümmere und das Pferd sich nicht damit zu befassen braucht.

Losgelassenheit

Physische Losgelassenheit, sprich ein locker arbeitender Pferdekörper, steht an zweiter Stelle. Durch verschiedene Übungen, welche auf die Dehnbarkeit des Pferdes, das gezielte Anspannen und Entspannen einzelner Muskelgruppen abzielen, sind hier zielführend. Es liegt uns fern, am Anfang des Trainings nach der sogenannten Gangqualität in der Bewegung der Pferde zu suchen. Ein lockeres, eher untertourig laufendes Pferd bzw. eine Bewegung, die dem natürlichen Rhythmus seines Körpers entspricht, ist uns hier immens wichtig.
Sehr oft treffen wir den Satz von Gustav Steinbrecht: „Nur was sich löst, kann sich versammeln“, im Training an. Zu sehen sind jedoch in der Regel

Die Pferde sollen lernen, am losen Zügel locker, mit positivem Spannungsbogen zu laufen.

Pferde, die alles andere als gelöst auf den Zuschauer wirken. Oftmals wird durch zu viel manuelle Einwirkung, sei es durch den Einsatz der Schenkel, des Sitzes, der Gerte oder gar Sporen versucht, das vermeintlich faule Pferd vorwärtszuschicken. Das Resultat ist leider sehr oft unter Anspannung/verspannt laufende Pferde.
Unserer Auffassung nach sollten die Pferde zunächst am losen Zügel in einer lockeren Vorwärts-abwärts-Dehnung fast unabhängig von der Geschwindigkeit in allen drei Grundgangarten geritten werden können. Die Basis dafür legen wir bereits bei der Bodenarbeit. Unsere Pferde lernen im Training, sich locker im Kreis um uns herum bewegen zu können, ohne an unserer Hand zu ziehen.

Raummaß

Wir möchten, dass sich die vier Viertel unseres Pferdes (vorne rechts, vorne links, hinten rechts und hinten links) gleichmäßig auf einer von uns gedachten Linie bewegen. Wir bezeichnen dies gerne als Raummaß: Wohin bewege ich mich/mein Pferd im Raum.
Das Wichtigste dabei ist, dass sich unsere Pferde dahin bewegen, wo wir gerne landen möchten. Genau genommen ist uns nicht nur wichtig, am ausgewählten Ziel anzukommen, sondern bereits der Weg dorthin sollte auf der oben erwähnten, von uns gedachten Linie stattfinden.
Verlässt mein Pferd diese Linie (+/– 50 Zentimeter Spielraum), korrigieren wir das Pferd. Am Anfang der Ausbildung erfolgt dies über den Zügel, im Laufe der Zeit mehr und mehr über die oben erwähnte Körperdynamik.
Der Cowboy-Dreisatz beantwortet einige Fragen zu Problemen mit dem Pferd von selbst. Denn oftmals sehen wir Reiter, die gleichzeitig lenken, bremsen und vorwärtsreiten, während sie verbal auf ihre Pferde einreden, augenscheinlich, um ihre eigenen Nerven zu beruhigen.
Wenn wir mit unseren Pferden, zum Beispiel vom Sattel aus kommunizieren wollen, sind wir zunächst gut damit beraten, die Kommunikation so strukturiert und so einfach wie möglich zu halten. In unserem Fall bedeutet das, die Pferde folgen weich, in erster Linie dem direkten Zügel.
Erst wenn das in psychischer und physischer Losgelassenheit möglich ist, bauen wir unser weiteres Training darauf auf.

COWBOY-DREISATZ

Bernd erwähnt oft den sogenannten Cowboy-Dreisatz.

1. Sorge dafür, dass du dort ankommst, wo du hinmöchtest (Raummaß).
2. Sorge dafür, dass du in der gewünschten Form dort ankommst (Körpermaß).
3. Sorge dafür, dass du in der gewünschten Geschwindigkeit dort ankommst (Zeitmaß).

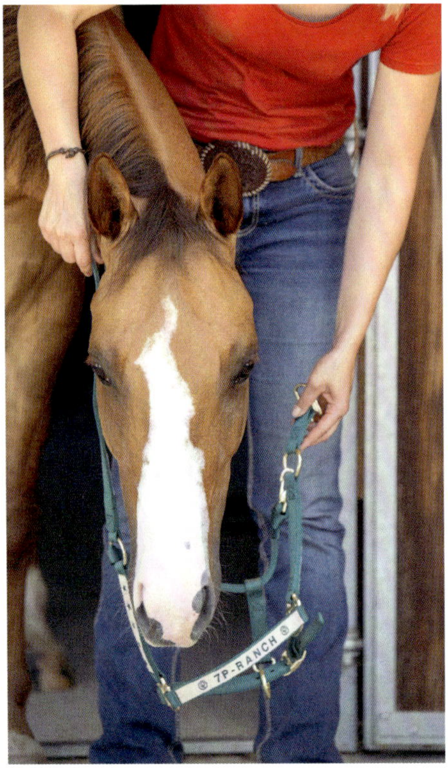

1

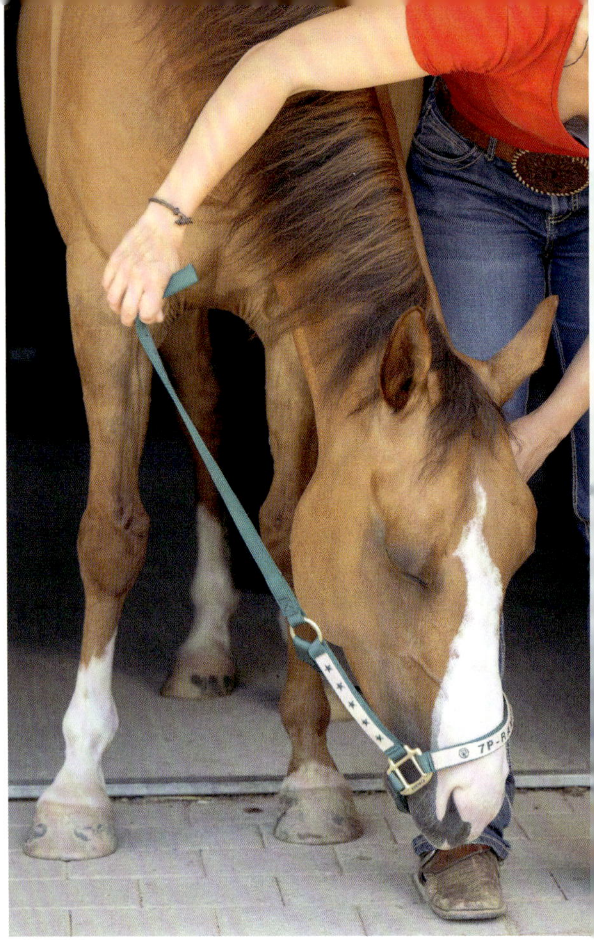

2

KONTINUITÄT

Ziel kontinuierlicher, immer gleicher Vorgehensweise ist, dass die Pferde früher oder später anfangen, zu antizipieren, was wir wollen. Ähnlich bzw. genauso verhält es sich in Bezug auf Gewichts-, Schenkel- und Zügelhilfen in unserer Reiterei.

5. WEICH UND LEICHT

Ein wichtiger Punkt in der Arbeit mit Pferden ist, dass sie im besten Fall auf jegliche Anfrage vom Menschen weich und leicht reagieren. Wie bereits erwähnt, beginnt das bei uns mit dem Auf- und Abhalftern, bei dem das Pferd auf unsere weiche Anfrage hin den Kopf absenkt und ins Halfter taucht.

Es ist wichtig zu verstehen, dass genau solche scheinbaren Kleinigkeiten entscheidend sind, ob eine weiche und leichte Kommunikation möglich wird. Wie oft sehen wir Menschen, die das Halfter unsanft über die Ohren ziehen und sich dann wundern, wieso das Pferd zum Beispiel beim Longieren immer nach außen zieht.

Konsequentes, zuverlässiges Handeln

Immer gleiche Hilfengebung führt im Idealfall dazu, dass die Pferde zu einem gewissen Punkt vorausahnen, was wir von ihnen erwarten. Dies erleichtert

3

1 Auf eine weiche Anfrage hin gibt das Pferd nach und senkt Kopf und Hals.

2 Das willige Tauchen in das Halfter ist ein kleiner, dennoch sehr wichtiger Schritt.

3 Pferde sollten sich im Laufe des Trainings zu selbstbewussten Individuen entwickeln.

die Kommunikation mit dem Pferd ungemein.
Sicherlich hat jeder den Satz: „Ich brauche nur daran denken und mein Pferd macht es für mich", schon mal gehört. Dies ist unter Umständen die Quintessenz daraus, durch zuverlässiges und konsequentes Handeln für das Pferd lesbar und verständlich zu werden. Grundsätzlich liegt der Erfolg zum Großteil darin, dass die erste Anfrage an das Pferd immer weich und höflich ist.

6. DIREKTES UND INDIREKTES GEFÜHL

Was für eine schöne Überschrift, doch was genau steckt dahinter? Eigentlich sollte die Überschrift lauten: „Direkter und indirekter Druck". Beim Wort „Druck" beginnen allerdings schon die ersten Probleme in der zwischenmenschlichen Kommunikation. Für viele ist das Wort „Druck" negativ behaftet. Nichtsdestotrotz vereinfacht uns dieses Wort zu erklären, worum es generell geht.
Denn die Frage ist, wie definiert jeder Einzelne das Wort Druck und ab welchem Punkt findet die Negativität ihren Anfang? Fakt ist, Druck beginnt nicht erst beim Anfassen oder Ziehen, sondern bereits, wenn ich mich meinem Pferd nähere. Deshalb unterteilen wir hier ganz strikt in die beiden Arten von Druck, nämlich in direkten Druck = durch Anfassen „schieben oder ziehen" und in indirekten Druck = sich nähern, präsent sein. Das kann ein durch Winken oder Gesten treiben = schieben bzw. das Pferd über Gesten locken = ziehen sein.

DIREKTER UND INDIREKTER DRUCK

Direkter Druck = durch Berührung/Anfassen schieben oder ziehen

Indirekter Druck = durch sich annähern präsent sein („schieben“ mittels Winken oder mit Gesten treiben und „ziehen“ mittels Gesten locken)

Aus unserer Sicht lernen Pferde vor allem durch das Wegnehmen des Drucks im richtigen Moment, was auch der Kommunikation in der Herde entspricht. Das heißt aber auch, dass Pferde Druck brauchen, um in eine Kommunikationssituation zu gelangen.
Hier wird vielleicht klar, was also bereits Druck für uns bedeutet. Wende

Schiebende Hilfe, indirekter Druck Richtung Auge, das Pferd bewegt sich von uns weg, ohne dabei zu flüchten.

Ziehende Hilfe: Mittels indirekten Drucks und Körpersprache „ziehen“ wir das Pferd zu uns.

ich meinen Blick dem Pferd zu, mache vielleicht sogar ein klickendes Geräusch, ist dieser „Druck“ der Anfang unserer Kommunikation. Hebt das Pferd zum Beispiel den Kopf und blickt in meine Richtung, ist dadurch Kontakt aufgenommen und ich kann zum Beispiel im Extreme Trail durch Drehen meines Körpers meinem Pferd eine Richtung geben.
Wie wenig Druck bereits Reaktionen hervorrufen können, weiß jeder Stallbetreiber, der morgens seine Pferde füttert. Das Öffnen der Tür in Verbindung mit Anfassen des Futterwagens führt zu sofortigen Reaktionen der Pferde. Im Idealfall blicken sie nur in Richtung Futterwagen und warten geduldig und erzogen auf ihre Ration. Im schlechtesten Fall kommt es zu gegenseitigen Beißereien, manche Pferde treten sogar gegen die Boxenwände. Eine ideale Demonstration einer Reaktion auf minimalen „Druck“. Im Training sind wir bemüht, im Idealfall so oft es geht, mittels indirekten Drucks zu arbeiten.
Als Beispiel nehmen wir hier das Stellen des Pferdekopfes beim Reiten. Auf das langsame Heben der Hand sollte das Pferd bereits reagieren, nämlich sich auf die gewünschte Seite stellen, noch bevor der Zügel auf Kontakt kommt. Auch anhand der Schenkelhilfen kann man es sehr gut erklären, denn das eigentliche Ziel jeglicher Reiterei ist es, dass unser Pferd auf unseren Körper und die damit verbundene Körperdynamik reagiert. Das bedeutet zum Beispiel beim Galoppwechsel, dass unser Pferd idealerweise bereits auf unser Becken reagiert, noch bevor ein Schenkel hinter dem Gurt „drückt“.

7. VERANTWORTUNGSBEWUSST SELBSTBEWUSSTSEIN FÖRDERN

Hier ist als Erstes wichtig, einzuteilen, welche Art Pferd man besitzt. Habe ich ein Pferd, das eher ranghoch und selbstbewusst ist oder ein schüchternes, vielleicht sogar sehr unsicheres Pferd? Grundsätzlich ist es für alle Pferdetypen hilfreich, wenn man erst einmal eine Routine schafft. Wenn wir an unseren Beginn im Kindergarten zurückdenken, dann wird es vermutlich bei den meisten so gewesen sein, dass man erst mal unsicher und schüchtern war. Fremde Erzieher und Erzieherinnen, fremde Kinder, fremder Ort und viele neue Eindrücke ... je nach Charakter findet man sich dann schneller oder langsamer zurecht.

Unterstützend ist hier eine Routine, die geschaffen wird. Der Kindergarten beginnt und endet meist um die gleiche Zeit. Morgens wird mit einem Lied begonnen und mittags endet der Kindergarten draußen beim Spielen und Toben. Die Kinder können sich auf die Routine verlassen und genau das ist auch für Pferde wichtig.
Sie sollen wissen, dass sie sich auf uns verlassen können und bei uns sicher sind. Sie sollen wissen, dass wir sie nicht in Situationen schicken, die sie nicht gemeinsam mit uns meistern können. Dazu gehört, dass unsere Stimmung, unsere Energie und unser Gefühl dem Pferd gegenüber an jedem Tag möglichst gleich sein sollte.

„Lass deine Sorgen vor der Stalltür"

Diesen Satz hat vermutlich jeder schon einmal gehört. Pferde leben im Hier und Jetzt und können nicht einschätzen oder verstehen, warum wir den einen Tag entspannt und glücklich und am nächsten Tag gestresst und angespannt in den Stall kommen. Wir geben zu, in der heutigen Zeit ist es gar nicht so einfach, immer in seiner Mitte zu bleiben. Wichtig ist, dass man es sich bewusst macht und für sich einen Weg findet, entspannt und glücklich beim Pferd zu sein.
Auch der Ablauf, wenn wir beim Pferd sind, sollte erst mal einem gewissen Schema folgen. Beim Putzen und Satteln steht das Pferd angebunden, möglichst immer am selben Ort. Das anschließende Training ist so aufgebaut, dass das Pferd nicht überfordert wird, sondern die physische

Extreme Trail fördert die Zusammenarbeit zwischen Pferd und Mensch auf eine spielerische Art und Weise.

und psychische Losgelassenheit eintreten kann.
Sobald das Pferd aus seiner Schüchternheit und Unsicherheit herausgekommen ist, kann die Routine nach und nach verändert werden, zum Beispiel neue Trainingsaufgaben erarbeitet oder auch der Putzplatz verändert werden.

Trainingstool Extreme Trail

Für uns ist ein ganz tolles Hilfsmittel, um das Selbstbewusstsein zu fördern, die Arbeit im Extreme Trail. Pferde lernen hier bis zu einem gewissen Grad selbst mitzudenken. Sie lernen ihren Körper noch mal anders kennen und erhalten so mehr Balance, was zu mehr Vertrauen in die eigenen Fähigkeiten führt. Auch die Zusammenarbeit mit dem Menschen, also der Teambuilding-Gedanke, wird hier großgeschrieben.

Grundsätzlich obliegt es natürlich dem Besitzer, zu erkennen, ob ein Pferd selbstbewusst oder unsicher ist, da er sein Pferd meist am besten kennt. Dennoch liegt hier die größte Gefahr der Fehlinterpretation, da manchmal das Wunschdenken die Realität überblendet. Sätze wie: „Er hat das nicht so gemeint“, „Er wollte das nicht“ oder „Es ist dem Pferd aus Versehen passiert, dass es mich (zum Beispiel) getreten hat“, sind bei Gesprächen mit Besitzern nicht selten an der Tagesordnung.
Wenn man bedenkt, mit welch feiner Kommunikation Pferde untereinander agieren können, dann wird klar, dass die wenigsten Aktionen „aus Versehen“ passieren. Ja, Pferde sind Fluchttiere und können sich erschrecken, dennoch sind sie sehr schlau und erkennen Zusammenhänge blitzschnell.

Das Über- und Durchqueren von verschiedenen Hindernissen fordert das Gehirn und den Körper der Pferde gleichermaßen.

8. ENERGIE AUFBAUEN ODER NEHMEN

Bei der Arbeit mit Pferden ist es sehr wichtig, dass wir Energie im Pferd aufbauen und gleichzeitig aber auch zurücknehmen können. Bildlich gesprochen wollen wir den Wasserhahn auf- und wieder zudrehen.
Alles, was wir im Pferd aktivieren können, muss auch wieder deaktivierbar sein. Wir verzichten darauf, unseren Pferden diverse Kunststücke, wie zum Beispiel das Steigen oder Hinlegen, beizubringen, bevor sie nicht eine solide Grundausbildung haben. Wie in unzähligen Beispielen auf diversen Shows und Vorführungen unschwer erkennbar ist, nutzen selbst erzogene, gut gerittene Pferde diese Kunststücke manchmal für ihren eigenen Vorteil. Im Falle eines Pferdes, das an den Hilfen steht und eine gute Grundausbildung hatte, sind diese Momente nicht dramatisch und durch die meist erfahrenen Reiter leicht zu lösen. Man lächelt darüber hinweg und sagt: „Manchmal ist er halt ein Lump."
Bei jungen oder nicht gut ausgebildeten Pferden ist die Situation jedoch ein wenig anders. Es wäre nicht das erste Mal, dass wir Pferde zur Korrektur bekommen, die sich zum Beispiel beim Hufschmied einfach fallen lassen, weil dieser den „Fehler" macht, das Röhrbein „falsch" anzufassen.

SELBST-CHECK

Unser Anliegen an die Besitzer ist es, regelmäßig das Verhalten des Pferdes reell einzuschätzen und zu hinterfragen:

1. Bin ich mit der Beziehung zu meinem Pferd zufrieden?
2. Bin ich konsequent und zuverlässig in meinem Handeln?
3. Kommuniziere ich so fein und weich wie möglich mit meinem Pferd?

1 Das Pferd läuft ruhig um den entspannten Menschen herum (ruhige Energie).

2 Das Pferd reagiert auf den energetischen Menschen mit einer dynamischen Bewegung.

3 Ausgeglichenheit im Pferd ist eines unserer obersten Ziele.

3

Die Schuld wird hier dann meist beim Hufschmied gesucht, anstatt die Vorgehensweise in der Ausbildung eines solchen Pferdes zu überdenken. Wir hatten auch schon Pferde, die vom Boden aus eine ganze Reihe Kunststücke zuverlässig beherrschten und dann plötzlich beim ersten Satteln oder ersten Losreiten anfangen zu steigen. Viele Problemsituationen wären zu vermeiden gewesen, wenn man die Grunderziehung vor zirzensische Lektionen gestellt hätte. Oftmals wird das scheinbar unschlagbare Argument aufgeführt, man müsse das junge Pferd ja irgendwie beschäftigen. Wir bemühen uns, für unsere Nachzucht die bestmöglichen Aufzuchtplätze zu finden, welche unseren Pferden in der Herde auf riesigen Flächen optimale Bedingungen bieten, sich mit ihren Herdenkollegen zu beschäftigen. Das heißt mit anderen Worten, in der Regel beginnt unsere Erziehungsarbeit am Pferd, bis auf wenige Ausnahmen, erst mit drei oder vier Jahren.

Energie regulieren

Ziel unseres Trainings ist es, dass wir, wie eingangs erwähnt, die Energie in unseren Pferden sowohl aktivieren als auch deaktivieren können. Die Voraussetzung dafür stellt die psychische und physische Losgelassenheit des Pferdes dar. Es sollte möglich sein, dass das Pferd zum Beispiel in allen drei Grundgangarten gelöst und entspannt von Punkt zu Punkt zu Punkt mit dem Reiter läuft. Dann beginnen wir, mehr Energie im Pferd aufzubauen.
Dabei lernt das Pferd, einen Rahmen anzunehmen und sich innerhalb dieses

Es ist wichtig, die Kondition der Pferde Stück für Stück aufzubauen.

GRUNDLAGEN FÜRS MUSKELTRAINING

Um effektiv an der Kondition und vor allem am Aufbau der tragenden Muskulatur des Pferdes arbeiten können, sind aus unserer Sicht folgende Punkte wichtig:

Ausbildungsstand und Alter

Fütterung und Haltungsform

Anspruch des Reiters

Verwendungszweck des Pferdes

Rahmens energievoll, aber trotzdem locker zu bewegen. Dies erfolgt im Idealfall über unsere Körperspannung, die dazu führt, dass das Pferd seine Hinterhand aktiviert, über den Rücken schwingt und sich zu tragen beginnt.

Wichtig ist, dass unser Pferd versteht, auf unsere Körperspannung angemessen zu reagieren: wenig Spannung – wenig Energie, mehr Spannung – mehr Energie. Wünschenswert wäre es, die gleiche psychische Gelassenheit im Pferd, die es auf einem langsamen gelösten Trabzirkel an den Tag legt, auch in einer Galopppirouette oder im Galoppwechsel, beim Angaloppieren oder Durchparieren vom Galopp in den Schritt usw., beibehalten zu können.

Je nach Pferdetyp kann das einige Trainingszeit dauern. Die Herangehensweise ist dabei meist von Pferd zu Pferd unterschiedlich. Zwar sind einige Eckpunkte immer die gleichen, jedoch ist eine individuelle Abstimmung der Parameter bei jedem Pferd wichtig. Während man das eine Pferd nicht lange genug mit Planen, Fahnen usw. arbeiten kann, wird ein anderes Pferd bei den gleichen Übungen im Kopf eher träge und stumpft ab. Wir vergleichen das gerne mit Standard-Paartänzen. Das jeweilige Pferd-Mensch-Paar muss lernen, jeden einzelnen Tanz locker und entspannt aber doch mit der nötigen Energie und Spannung zu füllen. Die Schwierigkeit in der Zusammenarbeit mit Pferden ist dabei, dem Pferd zu vermitteln, dass wir es darum bitten, uns seine Energie zu Verfügung zu stellen, die es uns erst ermöglicht, als Paar elegant wirken zu können.

9. ARBEIT AN KONDITION UND MUSKULATUR

Aus unserer Sicht entstehen auch viele Probleme daraus, dass Pferde zum Teil durch fehlende Muskulatur und Kondition mit den ihnen gestellten Aufgaben schlichtweg überfordert sind. Regelmäßiges Training ist hier natürlich sinnvoll und ein möglichst strukturierter Aufbau desselben.
Ein Fehlen der tragenden Muskulatur zum Beispiel kann durchaus schwerwiegende gesundheitliche Konsequenzen für das Pferd bedeuten. Genauso kann fehlende Kondition so manches Pferd, das plötzlich ohne Training am Wochenende einen Wanderritt absolvieren soll, sicherlich an den Rand der Leistungsfähigkeit treiben. Nicht zu unterschätzen ist auch das Übersäuern nicht trainierter Muskulatur, sprich der damit einhergehende Muskelkater, über den oftmals einfach hinweggeritten wird.

Gymnastizierung der einzelnen Körperteile ist einer der wichtigsten Schlüssel für ein erfolgreiches Training.

Ausbildungsstand und Alter

Die Schwierigkeiten beginnen bereits bei der Frage, wann ist der optimale Zeitpunkt, um mit der Arbeit meines Pferdes zu beginnen? Auf der 7P-Ranch achten wir bei unserer eigenen Nachzucht darauf, dass die Pferde relativ zeitnah nach ihrer Geburt lernen, ein Halfter zu tragen, weich auf Druck zu reagieren, Hufe zu geben, Fieber messen zu lassen usw. Dinge eben, die uns im Alltag jederzeit begegnen. Spätestens beim Absetzen verlassen diese Pferde unsere Obhut und gehen zu einem Aufzuchtplatz, der aus unserer Sicht optimale Bedingungen dafür bietet, dass die Pferde auf großen Weiden in der Herde so wild wie möglich aufwachsen können. Unserer Einstellung nach wäre es ideal, wenn die Pferde vom Zeitpunkt des Absetzens bis zu ihrem dritten oder vierten Lebensjahr (je nach körperlicher Entwicklung) keinen oder nur selten Kontakt mit dem Menschen haben. Für uns ist seit Jahren der beste Partner in punkto Aufzucht die Mühlentalranch von Familie Hofacker in Hessen. Aus unserer Sicht lassen sich viele Probleme vermeiden, wenn die Pferde ihre Flegel- und Ausprobierzeit in einer Herde mit gleichaltrigen Pferden verbringen können.

Uns erreichen zahlreiche Hilferufe von Menschen, die mit ihren Jungpferden im Alter von ein bis drei Jahren schlichtweg überfordert sind. Die Probleme, die uns hier meist geschildert werden, ziehen sich durch alle Bereiche der Pferdehaltung. Von aggressivem Verhalten beim Füttern über Losreißen beim Spazierengehen bis hin zu massiv aggressivem Verhalten gegenüber Boxennachbarn.
Einem jungen Pferd beizubringen, was es heißt, halfterführig zu sein, ist eigentlich nicht schwierig, vorausgesetzt man weiß, was und wie man es macht. Allerdings ist auch die Frage, ob ich mein Jungpferd in einem so jungen Alter bereits täglich führen muss. Durch einen guten Aufzuchtplatz könnte das erst mal vermieden werden. Wenn wir beobachten, wie unsere Jungpferde in der Herde auf der Mühlentalranch ihre Kräfte messen, sei es in Wettrennen oder beim Sich-gegeneinander-Ansteigen. Oder auch, wenn sie sich einfach nur, bullig Schulter an Schulter wegzuschieben versuchen. Wir finden es gut, dass die Pferde genau in diesen Phasen nicht mit uns und unserem Umgang konfrontiert werden.
Manche Pferde werden mit drei Jahren etwas vernünftiger, andere erst mit vier Jahren (bei einigen dauert es sogar noch länger). Unsere Pferde werden normalerweise in ihrem vierten Lebensjahr von der Weide geholt und es wird mit der Arbeit begonnen. Was wir sehr zu schätzen wissen ist die Tatsache, dass diese geistig gereiften Pferde, bis auf wenige Ausnahmen, dem Menschen gegenüber sehr höflich sind, interessiert und leicht trainierbar.

Junge Pferde

Anfangs beginnen wir mit kurzen Einheiten, ggf. mehrmals täglich, um die Jungpferde an die Arbeit mit uns zu gewöhnen. Das ist gut mit dem Eingewöhnen von Kleinkindern in Kitas oder Kindergärten zu vergleichen. Ziel ist erst mal, dass Kinder ihre Schüchternheit überwinden, sich dort gerne aufhalten und spielen. Sobald sie im Spiel vertieft sind, ist eigentlich der optimale Zeitpunkt, um nach Hause zu fahren. Es wird zwar Gemecker geben, weil das Kind ein Spiel beenden und nicht mit nach Hause möchte. Der springende Punkt ist, es tritt aus unserer Sicht der Idealfall ein, das Kind möchte eben nicht nach Hause, anstatt nicht in der Kita bleiben zu wollen. Meist freut sich das Kind bereits am dritten Tag darauf, im Kindergarten oder der Kita bleiben zu dürfen.
Bezogen auf das Pferdetraining, ist es uns durch die kurzen Arbeitseinheiten leicht möglich, das Training dann zu beenden, wenn das Pferd Spaß an etwas hat bzw. etwas Gutes durch ein

Als soziale Herdentiere ist es wichtig, dass Pferde in einem soliden Herdenverband aufwachsen können.

Lob beendet wurde. Zu einem späteren Zeitpunkt kann man, wenn man möchte, erneut eine kurze Arbeitseinheit mit dem Pferd absolvieren. Innerhalb der ersten Woche werden die Arbeitseinheiten länger und das Pensum gesteigert.

Gesunder Menschenverstand ist hier einfach wichtig. Den Satz, der oft gesagt wird: „Der ist alt genug, der muss da jetzt halt durch", wird man bei uns auf der 7P-Ranch nicht zu hören bekommen. Denn auch ältere Pferde, die eventuell aus irgendwelchen Gründen längere Pausen hatten, werden bei uns in gleicher Art und Weise an das Training gewöhnt.

Stück für Stück erhöht sich das Arbeitspensum des jeweiligen Pferdes, gemäß des gewünschten Einsatzgebietes. In den ersten vier Wochen sollte es den Pferden möglich sein, normale Arbeitseinheiten (Schritt, Trab, Galopp) von ca. 45 Minuten ohne größere Schwierigkeiten zu absolvieren.

Fütterung und Haltungsform

Sich im Dschungel der Fütterungsangebote zurechtzufinden, ist heutzutage gar nicht mehr so einfach. Befragen wir das Internet zum Thema Kraftfutter, erhalten wir eine Flut von Angeboten. Befragt man seine Stallkollegen, so trifft man hier meist auf zwei

Unter keinen Umständen sollte das Training eines Pferdes sein natürliches Interesse an der Umwelt und den wachen Blick beeinträchtigen.

Pferde trinken zwischen 30–60 Liter Wasser pro Tag und sollten uneingeschränkt Zugang zu frischem Wasser haben.

Fraktionen: Die einen sagen, bloß kein Kraftfutter füttern, Pferde brauchen nur gutes Heu und Mineralfutter, und die anderen schaufeln zweimal pro Tag Mash, einen Haufen Karotten und Müsli gleichzeitig ins Pferd. Es drängt sich das Gefühl auf, „normal" ist aus der Mode geraten. Dementsprechend sehen wir leider auch meist viel zu fette Pferde, die sich auf dem Weg zu gesundheitlichen Problemen befinden.

Wir halten es bei unseren Trainingspferden so, dass sie den Grundbedarf mit Raufutter ad libitum abdecken können. Uns ist es wichtig, dass die Pferde 24 Stunden nach Belieben etwas kauen können. Das muss nicht nur Heu sein. Stroh, Äste, Stämme mit Rinde, Gras usw. können verwendet werden.
Nicht außer Acht zu lassen ist, dass die Muskulatur, um wachsen zu können, optimal versorgt sein muss. Wir

möchten bei unseren Pferden die Rippen fühlen, aber nicht mehr als ein bis zwei Rippen sehen können. Da es den Rahmen des Buchs sprengen würde, hier auf alle Einzelheiten einzugehen, empfehlen wir im Bedarfsfall einen Fütterungsberater des Vertrauens hinzuzuziehen.

Pferdehaltung

Die Haltungsform der Pferde ist uns ebenfalls sehr wichtig. Entgegen dem Ratschlag, Offenstall ist immer gut, sehen wir es eher von Pferd zu Pferd individuell unterschiedlich. Es steht außer Frage, dass man Pferde niemals nur in Boxen unterbringt bzw. ein Pferd weniger als sechs Stunden täglich draußen ist. Während allerdings sich das eine Pferd in der Herde super wohlfühlt und im Offenstall und auf der Weide glücklich ist, sind manch andere Pferde durch diese Haltungsform und die Verantwortung für die Herde, die mit ihr einhergeht, schlichtweg überfordert. Gerade Pferde in Führungspositionen leiden oft an Konzentrationsschwierigkeiten abseits der Herde, weil sie sich Sorgen machen, was während ihrer Abwesenheit mit diesem Chaotenhaufen passiert.

»Es drängt sich das Gefühl auf, „normal" ist aus der Mode geraten.«

Wir hatten schon Pferde in der Ausbildung, die in den ersten zwei Wochen in der Box eigentlich fast nur geschlafen haben. Ohne Auffälligkeiten im Offenstall und der Herde, schien es diesen Pferden eigentlich gut zu gehen. Außer, dass sie trotz bester Versorgung etwas dünn und rippig waren, gab es laut Besitzer keinerlei Anzeichen für Stress.
Erst bei der Umstellung von Offenstall in die Box (natürlich mit täglichem Koppelgang) fiel auf, wie sehr der Stress von diesen Pferden abfiel. Fix und fertig musste erst durch viel Schlaf wieder Energie getankt werden. Es stellte sich ein ruhiges Fressverhalten ein und die Pferde setzten Muskulatur an.
Auch beim Reiten stellte sich nach kurzer Zeit eine psychische Losgelassenheit ein, die laut Besitzer in der Art nie zu beobachten war. Umgekehrt hatten wir aber auch schon Pferde, welche die Boxenhaltung gewöhnt waren und beschlossen, eine Herde zu gründen. Nach dem dritten abgebauten Stromzaun und offensichtlicher, akut ausgebrochener Zuneigung zwischen den Beteiligten haben wir, natürlich nach Absprache mit den Besitzern, diese Pferde vergesellschaftet und in der Herde laufen lassen (Unterbringung nachts einzeln in der Box).
Aus unserer Sicht zeichnet sich ein guter Trainingsstall auch dadurch aus, dass die Pferde beobachtet werden und ihr Gesamtverhalten, unter Absprache mit dem Besitzer, bewertet wird. Konzentrationsmängel und besondere Auffälligkeiten, wie Magenprobleme entgehen uns so nicht. Wir raten dazu, das eigene Pferd zu beobachten und die für das jeweilige Pferd beste Haltungsform zu finden.

Anspruch des Reiters

Je nach Einsatzgebiet, für welches unser Pferd ausgewählt wurde, sollte der Besitzer reell einschätzen können, welche Leistungsfähigkeit nötig ist. Als Faustregel gilt aus unserer Sicht, dass es nur fair ist, nach Leistung zu fragen, wenn die dementsprechende Leistung durch Training auch leistbar ist.

Seitgänge halten die Pferde geschmeidig und sollten regelmäßig ins Training miteinbezogen werden.

„Wer müssen soll, muss können dürfen", trifft hier eigentlich ganz gut zu. Möchte ich mit meinem Pferd vorwiegend gemütlich ins Gelände reiten, viel Schritt, etwas Trab, ab und zu mal Galopp, dann muss ich natürlich nicht so viel an der allgemeinen Fitness meines Pferdes arbeiten, wie jemand, der auch „nur" ausreiten geht, dabei allerdings 20 bis 30 Kilometer zurücklegt, überwiegend im Trab und dazu viel galoppiert.
Auch wenn es hier fast keine Erklärung für Turnierreiter braucht, da die meisten wissen, dass „von nichts halt auch nichts kommt", möchten wir diesen Punkt trotzdem kurz erwähnen.

Verwendungszweck des Pferdes

Immer wieder treffen wir auf Pferde, die bereits trainiert sind, was in diesem Fall heißen soll, sie wissen, wie man zum Beispiel eine Ranch Riding absolviert bzw. eine Reining-Pattern läuft, jedoch zu Hause ungenügend trainiert werden. Es kommt uns so vor, als würden manche Besitzer denken, je weniger ich mein Pferd reite, desto weniger mache ich an seiner guten Ausbildung kaputt.
Sicherlich ist dieser Gedankengang zum Teil sogar richtig, dennoch ist es so, dass wir hier strikt unterscheiden: In ein einfaches Abrufen und Durchführen von Manövern oder eben ins korrekte Vorwärtsreiten, bei dem

mein Pferd in erster Linie einfach vorwärtsbewegt werden soll, um Kondition und Muskulatur zu gewinnen. Nur weil mein Pferd stoppen kann oder den Galoppwechsel beherrscht, muss ich diese Manöver nicht ständig abrufen, im Gegenteil, je mehr ich gezielt an den spezifischen Muskelgruppen arbeite, die für diverse Manöver gebraucht werden, desto einfacher, gelöster und selbstverständlicher wird mein Pferd diese Manöver abliefern. Für uns spielt es keine Rolle, ob unsere Trainingspferde auf ein Turnier gehen sollen oder nicht. Wir trainieren im Idealfall jedes einzelne Pferd so, dass es locker Galoppeinheiten von fünf bis zehn Minuten pro Hand absolvieren kann, ohne danach ein Sauerstoffzelt zu benötigen.
Leider scheint der Trend im Pferdetraining dahin zu gehen, dass aus unserer Sicht Trainingseinheiten viel zu früh unterbrochen werden, wenn das Pferd etwas gut gemacht hat. Natürlich soll der geringste Ansatz des Pferdes, wenn es für uns arbeitet, belohnt werden. Trotzdem ist es wichtig, die Muskulatur des Pferdes als Lauftier gezielt zu fördern.
Ein gutes Beispiel hierfür sind die Seitgänge im Trab. Führt mein Pferd einen Seitgang im Trab gut aus, ist aus unserer Sicht die Pause nicht das Durchparieren in den Schritt, sondern das Beenden des Seitgangs. Die Gangart Trab bleibt erhalten und kann, wenn möglich, sogar am losen Zügel zum Entspannen durchgeführt werden. Entspannung und Anspannung kann man vielleicht am einfachsten anhand unserer Trainingsampel erklären.

Trainingsampel für Geist und Körper

Wir unterteilen generell in zwei Bereiche. Einmal in den Geist des Pferdes (psychische Ebene) und einmal den Körper (physische Ebene).

Grüne Ampel: Ist die Ampel grün, sprechen wir auf der körperlichen Ebene von einem Pferd ohne Anspannung. Es bewegt sich eher trödelig, faul, der Körper ist locker. Diese grüne Phase bedeutet auf der psychischen Ebene ebenfalls Entspannung. Während wir bei der Arbeit körperlich die grüne Phase verlassen möchten, da wir eine gewisse Anspannung in der Muskulatur des Pferdes

Entspanntes Gähnen nach dem Training, mit ein Grund, warum wir weder Nasen- noch Sperrriemen verwenden.

brauchen, betrachten wir diese Phase auf der psychischen Ebene eigentlich als Optimalzustand, in dem unser Pferd idealerweise die gesamte Reitzeit hinweg bleibt.

Gelbe Ampel: Die gelbe Phase ist auf der physischen Ebene als optimal zu sehen. Ein Pferd läuft in gesunder Anspannung und nutzt seine Muskulatur für die Bewegung und Balance. Auf der psychischen Ebene bezeichnen wir die gelbe Phase als Arbeitsmodus. Der Geist des Pferdes ist wach und motiviert, dennoch mit der Aufmerksamkeit beim Reiter. Dieser Arbeitsmodus sollte nicht länger als immer wieder ein paar Augenblicke andauern. Die geistige Leistungsfähigkeit eines Pferdes ist begrenzt. Oftmals verlieren die Reiter die sogenannte Aufmerksamkeit ihrer Pferde. Meist sind diese Pferde geistig einfach überfordert und können sich einfach nicht in der gewünschten Länge konzentrieren. Genauso wie die Muskulatur, muss auch die geistige Leistungsfähigkeit der Pferde trainiert und geschult werden.
Fällt uns bei der Arbeit auf, dass wir die Konzentration des Pferdes verlieren, beginnen wir damit, unsere Pferde erneut am losen Zügel vorwärts-abwärts zu dehnen. Der Körper verliert zwar etwas an muskulärer Anspannung, der Geist des Pferdes jedoch kann wieder in den Optimalzustand, in die grüne Phase, versetzt werden.

Rote Ampel: Sollte eine der beiden Ebenen überfordert werden und dadurch in die rote Phase, also Überspannung, geraten, empfiehlt es sich ebenfalls, wieder am Vorwärts-abwärts-Dehnen an einem losen Zügel zu arbeiten.
Unsere Pferde auf der 7P-Ranch verstehen in der Regel im Training sehr schnell, dass ein loser Zügel Entspannung bedeutet und nichts gefordert wird. Auf psychischer Ebene kann Überspannung, also die rote Phase, durch Außenreize ausgelöst werden, wie zum Beispiel Erschrecken durch Objekte, aber natürlich auch durch schlechte Erfahrungen, eventuell sogar durch ein Schmerzgedächtnis und

Ein junges Pferd im Arbeitsmodus, Anspannung im Pferdekörper sollte sich langsam entwickeln dürfen.

die Angst vor Überforderung. Auf der physischen Ebene ist ebenfalls das sogenannte Schmerzgedächtnis nicht zu unterschätzen, da in Zusammenarbeit mit der Psyche der Pferdekörper sehr schnell verkrampfen kann und dadurch unter Umständen sogar Schmerzen entstehen.

Nicht passendes Equipment, unzureichende Pflege des Pferdes, also Zahnvorsorge, Osteo-/Physiobehandlungen, fehlende Aufwärmphasen oder einfach nur falsche oder unzureichende Fütterung tun hier ihr Übriges dazu. Es ist uns ein großes Anliegen, hier auch darauf hinzuweisen, dass es dem Besitzer obliegt, sein Pferd immer wieder erneut einzuschätzen, ob psychische und physische Ebene gut aufeinander abgestimmt funktionieren. Leider gibt es in unserer heutigen Zeit sehr viele Pferde, die zwar körperlich in der gelben/orangen Phase optimal arbeiten, bei denen jedoch auf den ersten Blick erkennbar ist, dass sie auf der psychischen Ebene sehr weit in den roten Bereich gerutscht sind.

Nicht selten entwickeln diese Pferde, neben den sogenannten „Unarten“ wie Koppen, Weben usw. auch gesundheitliche Probleme wie zum Beispiel Magenprobleme, Schädigungen des Nervensystems bis hin zum Headshaking usw.

Körper und Geist des Pferdes sind fest. Leider kann auch das passieren, dennoch sollte unser größter Anspruch sein, dies während der gesamten Ausbildung vermeiden zu können.

Da uns sehr wichtig ist, optimal auf die Rücken der verschiedenen Pferdetypen reagieren zu können, haben wir uns die Mühe gemacht, unsere eigenen 7P-Sattelmodelle zu entwickeln.

10. PASSENDES, GEEIGNETES EQUIPMENT

In einer Gesellschaft, in der durch Werbung mit „Geiz ist Geil"-Slogans Milliarden umgesetzt werden, ist es leider schwierig, Menschen zu erklären, dass Qualität Geld kostet. Angefangen beim Kontenhalfter für 5 € über schlechtsitzende Sättel, bestellt aus dem Katalog, hin zur Satteldecke für 30 bis 50 €, welche nahezu keinen Schutz für den Pferderücken bietet. Die Erfahrung zeigt, dass man besser beraten ist, in gute Qualität zu investieren, als dem Wegwerfgedanken der Industrie zu folgen. Bernd hat Knotenhalfter in der Sattelkammer hängen, die rund 30 Jahre alt und noch immer im Einsatz und funktionsfähig sind. Es gibt bezüglich der Knotenhalfter einen Cowboyspruch, den Bernd aus USA mitgebracht hat: „Erst wird es weich und formt sich, dann bekommt es Patina, zum Schluss hat es eine Seele.".

So verhält es sich im Übrigen auch mit Bernds alten Jeans. Diese werden, nachdem sie wirklich nicht mehr zu flicken sind, schweren Herzens von ihm beerdigt, anstatt sie in den Müll zu werfen. Um es mit Bernd Worten zu sagen: „Könnte man die Geschichten lesen, die jede Hose zu erzählen hätte, dann würde man verstehen, dass es respektlos wäre, sie einfach in die Tonne zu werfen.".

Wenn ihr euch nicht sicher seid, welches Equipment zu euch und eurem Pferd passt, lasst euch beraten und holt im Idealfall immer mehr als nur eine Meinung ein. Vergesst aber nicht, euch auch selbst zu informieren und Gedanken zu machen. Der Einsatzzweck ist hier wie so oft entscheidend. Auf einem Dressursattel stundenlange Wanderritte zu unternehmen ist ebenso wenig sinnvoll, wie auf einem Westernsattel über Sprünge zu heizen. Um den Pferderücken gesund zu erhalten, sollte die Ausrüstung nicht nur optimal passen, sondern auch dem Einsatzzweck entsprechen. Ebenso verhält es sich mit dem „Gebisslosgedanken".

Gebissloses Reiten

Vor einiger Zeit begann es in Mode zu kommen, Pferde, egal welcher Art und Ausbildungsstand, in gebisslosen Zäumungen zu reiten. Gerade in der Westernreiterei wurde vermehrt auf die kalifornische Hackamore, das sogenannte Bosal, zurückgegriffen. Angepriesen als die Lösung aller Probleme bei schlecht durchlässigen oder vielleicht gar mauligen Pferden schien es das Mittel der Wahl. Durchlässigkeit und Nachgiebigkeit ist in der Regel keine Frage des Reitens mit oder ohne Gebiss, sondern eine Sache der richtigen Ausbildung. Unzählige Pferdebesitzer kamen mit der dringenden Bitte um Hilfe zu uns, weil die gebisslos gerittenen Pferde in verschiedenen Situationen „plötzlich" unkontrollierbar wurden. Geschuldet ist das dem fehlenden Know-how von Pferd und Reiter.
Aus unserer Sicht ist es nicht damit getan, ein Pferd an einem Wochenendkurs auf gebissloses Reiten umzustellen. Gerade der Umgang und Einsatz der kalifornischen Hackamore bedarf eines konsequenten Ausbildungsweges.

»Die Hackamore ist kein Ausrüstungsgegenstand, sondern eine Lebenseinstellung.«

Bernd Hackl

BASICS FÜR EIN ENTSPANNTES MITEINANDER

7P-REGEL

Bei jeglichem Zusammensein mit unseren Pferden begleiten uns stets die „7P: proper prior preparation prevents piss poor performance“. Frei übersetzt bedeutet es: „Eine gute Vorbereitung verhindert eine miserable Vorstellung.“

Nachgiebigkeit auf direkten Druck erarbeiten

Wie bereits erwähnt, gibt es zwei Arten von Druck, nämlich direkten und indirekten Druck. Wir befassen uns zunächst mit der Nachgiebigkeit auf direkten Druck. Wie so oft im Umgang mit Pferden ist es wichtig, dass die erste Kontaktaufnahme weich und leicht geschieht.

Das bedeutet, wir gehen nicht ans Pferd und drücken einfach mal drauflos, sondern unsere Hand legt sich bewusst an eine ausgewählte Stelle. Das Eigengewicht der Hand reicht im besten Fall bereits aus, damit das Pferd nachgiebig reagiert. Was ist zu tun, um meinem Pferd Nachgiebigkeit beizubringen?

KOPF ABSENKEN

In unserem Beispiel gehen wir davon aus, dass wir ein bereits unnachgiebiges Pferd weicher werden lassen wollen. Natürlich könnt ihr im Training an jeder x-beliebigen Stelle ansetzen, die euch für euer Pferd am sinnvollsten erscheint.
Wir beginnen mit einem Führstrick, den wir hinter die Ohren legen.

PLANVOLL VORGEHEN

Es ist sehr wichtig, dass wir bei allem, was wir mit unseren Pferden tun, überlegt handeln. Ein planloser Besitzer wird zwangsläufig auf Situationen stoßen, die ihn und das Pferd überfordern können. Wir müssen als Pferdebesitzer stets den Überblick bewahren, zeitgleich in einem gewissen Maß vorausahnen, wie unser Pferd auf verschiedene Dinge reagieren wird, um für unser Mensch-Pferd-Team vorausplanen zu können. So sollten Problemsituationen idealerweise gar nicht erst entstehen und falls doch, eine gute Vorausplanung diese Situationen schnell kontrollierbar machen.

Die nachfolgenden Trainingsideen erleichtern den Anfang. Teilweise handelt es sich um kleine Aufgaben, die selbstverständlich erscheinen, die aber aufgrund ihrer vermeintlichen Selbstverständlichkeit im Alltag oftmals übersehen oder vernachlässigt werden.

1

Durch sanften Druck würden wir unser Pferd gerne dazu bewegen, den Kopf abzusenken bzw. dem Druck nachzugeben. Oftmals kann es sein, dass die Pferde durch diesen Druck den Kopf und Hals erst mal höher nehmen, denn der Oppositionsreflex führt dazu, dass sie Gegendruck machen. Deshalb nutzen wir für diese erste Übung einen Führstrick statt der Hand. Das Timing ist nun entscheidend. Sobald die Spannung des Pferdes auch nur einen kleinen Funken

2

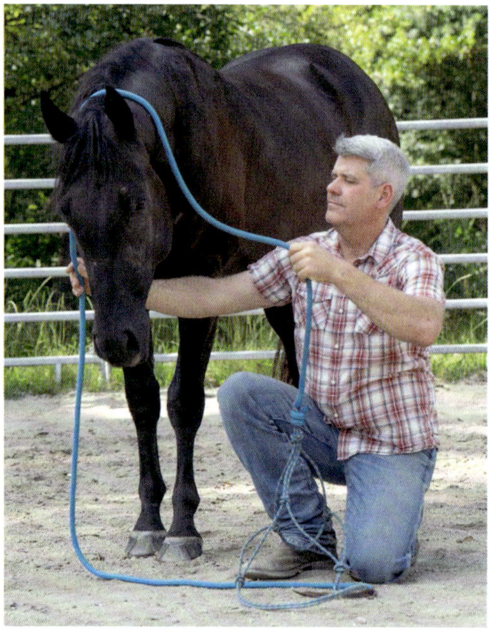

ÜBUNGEN IN DER ÜBERSICHT

Hier findet ihr Aufgaben für euer Training:

Aufhalftern Seite 78

Anbindetraining Seite 79

Verhalten am Putzplatz Seite 82

Weichen vom Futter Seite 88

Führen mit Halfter Seite 100

Vor- und Hinterhandkontrolle Seite 109

Training mit Objekten Seite 115

1 Der Führstrick liegt hinter den Ohren des Pferdes, es wird sanft Druck aufgebaut.

2 Das Pferd folgt der Aufforderung willig, gibt nach und senkt den Kopf.

3 Das Pferd hat das Prinzip der Nachgiebigkeit verstanden und gibt auch ohne Strick, jeglichem Druck auf den Hals, nach.

HALFTER MIT SCHNALLEN ODER KNOTENHALFTER

Wichtig ist, dass das Halfter am Genickriemen geöffnet werden kann, da wir uns zum Aufhalftern neben dem Hals unseres Pferdes befinden und nicht unter dem Hals oder vor dem Pferd.

3

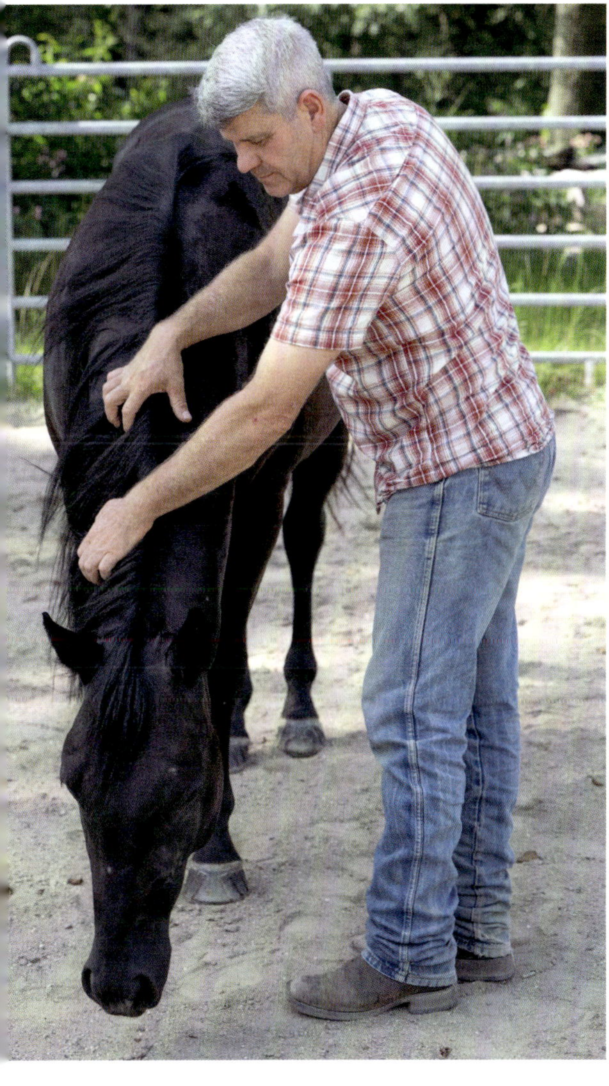

nachlässt, lösen wir sofort den Druck auf und bestätigen unser Pferd mittels Stimmlob oder Kraulen, bevor erneut sanfter Druck ausgeübt wird. Nach und nach sollte es möglich sein, die Nasenspitze des Pferdes bis zum Boden absenken zu können.
Das ist jedoch erst die halbe Miete, da es für die meisten Pferde einen großen Unterschied macht, ob wir mit einem Führstrick oder mit unserer Hand die Nachgiebigkeit abfragen.
Die oben genannte Übung beginnt nun erneut, allerdings setzen wir anstelle des Führstricks die Hand am Genick des Pferdes ein, in unserem Beispiel die rechte Hand, während die linke Hand sanft auf dem Nasenrücken des Pferdes liegt. Im besten Fall senkt das Pferd den Kopf ab, mit einer leichten Linksbiegung zu unserem Körper hin. Wenn das so noch nicht gelingt, erhöhen wir nicht den Druck der rechten Hand hinter den Ohren, sondern beginnen mit der linken Hand sanft den Kopf des Pferdes hin und her zu wackeln.
Gibt das Pferd nach, löst sich unser Druck und wir loben das Pferd. Diese Übung kann selbstverständlich von beiden Seiten ausgeführt werden.
Bei großen Warmblütern kann es ratsam sein, erst mal noch den Strick hinter den Ohren hängen zu lassen, um darauf zurückgreifen zu können, falls sich diese Pferde durch ein extremes Anheben des Kopfes nach oben entziehen.
Es empfiehlt sich, das zu üben, bis das Kopfsenken weich und leicht funktioniert. Nun gehen wir an den nächsten Schritt, da es ja unser Ziel ist, das Pferd ins Halfter tauchen zu lassen.

HALFTER ANLEGEN

Zunächst sortieren wir unser Halfter und hängen es uns an den linken Arm. Das Genickstück wird in der linken Hand gehalten und wir reichen es uns, unter dem Pferdehals hindurch, in die rechte Hand. So entsteht mit unserem Körper und dem Halfter eine Schlinge, mit der wir das Pferd im Bedarfsfall sogar daran hindern könnten, von uns wegzulaufen.
Während wir das Genickstück in der rechten Hand halten, bewegen wir diese Hand zwischen die Ohren, fragen die Nachgiebigkeit unseres Pferdes ab und ermöglichen ihm, durch Kontakt mit unserer linken Hand, mit der Nase ins Halfter zu tauchen. Sollte das Pferd nicht nachgiebig reagieren, kann die linke Hand am Nasenrücken wackeln.
So banal und simpel es klingen mag, ist es aus unserer Sicht DIE Übung, um das Thema „leicht und weich“ zu etablieren. Egal ob Jungpferd oder bereits gerittenes Pferd, wir verfahren hier bei allen Pferden gleich. Es ist eine unserer wichtigsten Basisübungen.

1

Aufhalftern „mit Graf Zahl“

Machen wir an dieser Stelle eine kleine Rechnung auf: Diese Nachgiebigkeitsübung findet statt beim Aufhalftern in der Box, beim Abhalftern auf der Koppel, beim Aufhalftern auf der Koppel, Abhalftern in der Box, Aufhalftern zum Putzen, Abhalftern zum Auftrensen (das Auf- und Abtrensen führen wir auf die gleiche Art und Weise durch), beim Abtrensen, wieder Aufhalftern nach dem Reiten und finales Abhalftern in der Box … lange Rede, kurzer Sinn – wir kommen auf ca. 2.000 – 2.500 Mal Nachgeben pro Jahr, das macht in zehn Jahren 25.000 Mal weiches Einfordern der Nachgiebigkeit.
Um diese Wichtigkeit wirklich zu verinnerlichen, empfehlen wir unseren Reitschülern, einen Monat lang für jedes Auf- und Abhalftern, bei dem die Nachgiebigkeit eingefordert wird, je eine 1 €-Münze in ein Sparschwein zu werfen. Es ist generell im Unterricht ein großes Thema, die Nachgiebigkeit des Pferdes zu verbessern und Unterricht kostet Geld. Im täglichen Umgang sollte es zur Selbstverständlichkeit werden – und kostet anfangs

2

1 Das Pferd gibt nach und ist weich.

2 Das Pferd wartet geduldig und ruhig, bis das Halfter geschlossen ist.

3 Richtiges Schließen des Knotenhalfters.

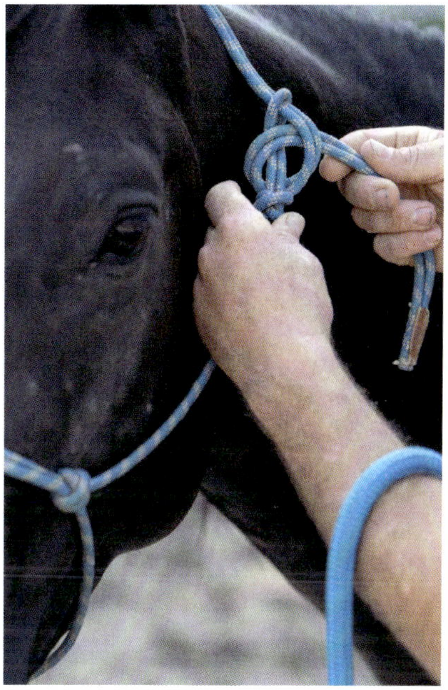

3

maximal nur etwas Zeit. Ihr werdet verblüfft sein, wie viel Geld ihr euch im Unterricht spart, wenn ihr die Nachgiebigkeit im täglichen Umgang quasi kostenlos fördert.

ANBINDETRAINING

Wie wir alle wissen, sind Pferde Fluchttiere. Für ein Fluchttier gibt es nichts Besorgniserregenderes als eine räumliche Begrenzung, wie zum Beispiel eine Box, einen Pferdehänger usw. Dazu gehört es auch, anderweitig körperlich fixiert zu sein, zum Beispiel durchs Anbinden oder Festgehaltenwerden.

Auf der 7P-Ranch durchlaufen alle Pferde in der Regel ein Anbindetraining. Für das Pferd ist es der beste Weg, optimale Gegebenheiten herzustellen. Aus unserer Sicht fällt es den Pferden am leichtesten in einer Box, in der sie mit dem Führstrick gewickelt stehen können. In einem Offenstall mit nur einem Anbindebalken, ohne weitere Umzäunung, würden wir mit diesem Training nicht beginnen.

Training mit Pferden, die sich losreißen

Als Beispiel nehmen wir ein Pferd, welches gelernt hat, sich loszureißen. Idealerweise arbeiten wir das Pferd vor dem Anbindetraining, zum Beispiel in der Reithalle, um das anschließende Anbinden für das Pferd zu erleichtern. Das Pferd wird mit (nicht unterlegtem) Stallhalfter und langem Führstrick in seine Box gebracht. Dort wird der Führstrick doppelt durch die Gitterstäbe gewickelt.
Ein weiterer wichtiger Sicherheitsfaktor ist, dass das gewickelte Pferd seinen Kopf nicht unter den Führstrick bringen kann. Die Länge vom Strick zum Kopf ist also relativ kurz zu wählen: maximal Unterarmlänge bzw. Länge des Pferdekopfes.

NO-GO: ANBINDEN MIT KNOTENHALFTER

Auf der 7P-Ranch verwenden wir auch Knotenhalfter. Wichtig hierbei ist zu beachten: Pferde werden mit Knotenhalfter **niemals** angebunden. Das Knotenhalfter mit festverbundenem Strick hält bis zu drei Tonnen Belastung stand, das Pferdegenick nicht.

Wieso ist es wichtig, das Pferd erst mal gewickelt zu fixieren und nicht festzubinden? Meistens haben Pferde, die sich losreißen, bereits gelernt, dass Führstricke, Halfter usw. kaputtgehen, wenn sie sich nur ausreichend Mühe geben.
Wir möchten unsere Pferde so wickeln, dass nicht schon der kleinste Aufwand zum Freikommen führt, aber auch nicht Bärenkräfte nötig sind, um den Führstrick lockerzuziehen. Anfangs unterstützt dies auch die Box, da der Bewegungsraum der Pferde von vier Seiten eingeschränkt wird. Ein Rückwärtsziehen wird von der Wand hinter dem Pferd begrenzt. Sollte sich ein Pferd doch mal komplett freiziehen, ist es nicht schwer, es wieder einzufangen.
Die ersten Anbindeeinheiten für unsere Pferde bewegen sich im Bereich zwischen 15 und 30 Minuten. In regelmäßigen, zwei bis fünf Minutenintervallen gehen wir an der Box vorbei, um zu kontrollieren, ob am Führstrick gezogen wurde. Ist das der Fall, justieren wir den Strick wieder auf die gewünschte Länge und gehen weg. Erfahrungsgemäß ist es besser, die Pferde alleine zu lassen, und entweder per Videokamera oder durch regelmäßiges Vorbeigehen zu beobachten. Das ist besser, als sich vor die Box zu setzen und die Pferde anzustarren. Durch die Anwesenheit der Besitzer inklusive der abwartenden Spannung im mensch-

2

1

lichen Körper fühlen sich viele Pferde geradezu animiert, sich gegen das Anbinden zu wehren, frei nach dem Motto: „Du siehst doch, dass ich ein Problem habe, bitte hilf mir."
Der psychologische Effekt, der hinter dieser Übung steckt, ist, dass die Pferde verstehen lernen, dass Equipment (Führstricke, Halfter usw.) nicht einfach so kaputtgeht. Auch ein unkontrolliertes Weglaufen ist nicht möglich.
Aus unserer Erfahrung fällt es den Pferden schwer, in den ersten drei Tagen einzusehen, dass ihr bereits erlerntes Verhalten nicht mehr zielführend und ein unkontrolliertes Flüchten nicht mehr möglich ist. Optimal ist es, die Übung zu beenden, wenn das Pferd ruhig steht, ein Hinterbein einknickt, und es zu dösen beginnt. Bei manchen Pferden kann das allerdings eine Weile dauern.

3

Wie bereits erwähnt, befinden wir uns in den ersten drei Tagen bei einem Zeitraum von 15 bis 30 Minuten. Nach drei Tagen steigern wir diesen Zeitraum für weitere drei Tage bis hin zu einer Stunde. Im Laufe der Monate, die sich die Berittpferde bei uns auf der 7P-Ranch aufhalten, lernen sie unter Umständen, auch mal einige Stunden angebunden zu stehen.
Dies ist ein Punkt, für den wir oft kritisiert werden, da manche Menschen entweder nicht verstehen oder der ein oder andere auch nicht verstehen will, dass unsere Pferde nicht täglich über Stunden angebunden stehen, sondern dass das Anbinden IMMER WIEDER MAL ins Training mit eingebunden wird.
Ebenso wie wir auch hin und wieder länger als 60 Minuten reiten, stehen unsere Pferde auch hin und wieder länger als 30 Minuten angebunden. Bernd beklagt sehr oft, dass aus seiner Sicht das „normal" rund um die Pferde verloren geht. Gerade das Thema Anbinden ist hierfür ein gutes Beispiel. Die Pferde sollen zwar bei Tagesritten brav angebunden am Biergarten oder vielleicht sogar auf Wanderritten über Nacht stehen, im alltäglichen Umgang, beim Hufschmied brav angebunden in der Stallgasse stehen, bekommen aber unfairerweise leider nie die Möglichkeit, zu lernen, was „brav angebunden stehen" eigentlich ist. Der ganz normale Menschenverstand wäre hier der wichtigste Indikator für das Training.

1 Anfangs wickeln wir den Strick um die Gitterstäbe, anstatt die Pferde fest anzubinden.

2 Wichtig ist, dass der Strick zum Pferd nicht zu lang ist, um zu vermeiden, dass das Pferd mit dem Kopf daruntertaucht: Als Maß nehmen wir ca. Unterarmlänge bzw. Länge des Pferdekopfes.

3 Sobald das Pferd in der Box ruhig angebunden steht, verlagern wir das Anbindetraining nach draußen.

HAARBÜSCHEL ENTFERNEN

Kurzer Tipp am Rande, einfach, weil es uns wichtig ist: Bitte bei Pferden mit viel Winterfell im Fellwechsel die rausgeputzten Haare aus der Box grob entfernen. Vereinzelt neigen Pferde dazu, diese Haare zu fressen, was unter Umständen Koliken begünstigen kann.

HÖFLICHES VERHALTEN AM PUTZPLATZ

Speziell bei jungen Pferden, die oftmals noch Konzentrationsschwierigkeiten haben, beginnen wir mit dem Putzen meist in der Box. Zum einen lässt es sich super mit dem Anbindetraining kombinieren, zum anderen kennen sie die Box als sicheren Ort.
Im Laufe des Trainings verlegen wir das Putzen mehr und mehr auf unsere Putzplätze in der Stall-

1

2

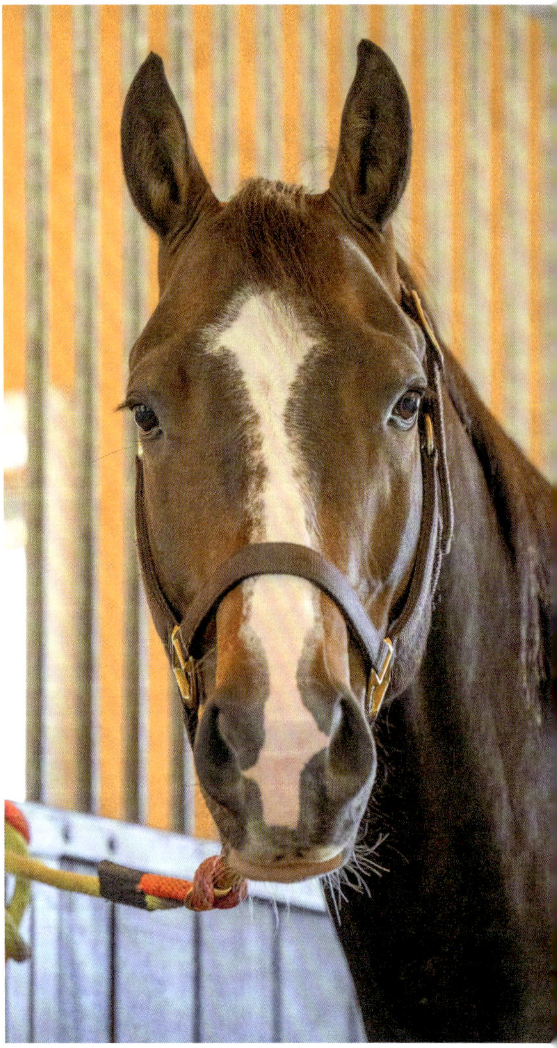

1 Das Anbinden in den sogenannten „Cross Ties" muss geübt werden.

2 Die Box sollte gerade für junge Pferde ein sicherer Ort sein.

gasse. Wir halten anfangs die Putzintervalle kurz und legen hier großen Wert darauf, dass die Pferde uns gegenüber höflich bleiben.
Beobachten wir manche Menschen mit ihren Pferden am Putzplatz, fällt uns oftmals ein Satz dazu ein: „Wir akzeptieren ein Verhalten von unseren Pferden, das uns bei Menschen entsetzen würde." Die Besitzer werden von den Pferden herumgeschubst, teilweise an die Wand gedrückt, die Pferde treten auf Füße, hier und da ist ein Schnappen zu sehen und so manchem wird beim Hufeauskratzen gedroht.
Irgendwie putzt man aber darüber hinweg, findet eine Ausrede für das Verhalten und erfreut sich an seinem Hobby. Aus unserer Sicht wäre es wichtig, hier einmal die Frage zu stellen: „Warum benimmt sich mein Pferd so?"

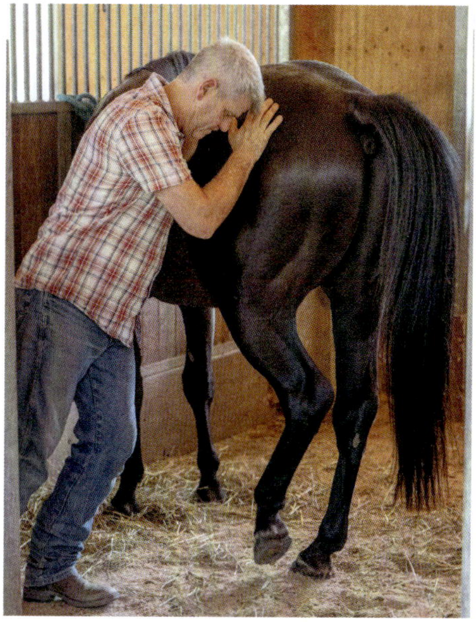

Anstatt mit vollem Körpereinsatz gegen das Pferd zu drücken …

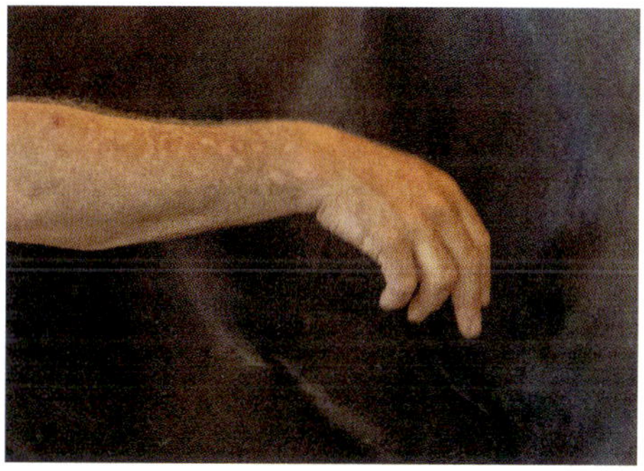

… empfehlen wir, mit den Fingern auf den Bereich, der weichen soll, zu klopfen.

Was steckt dahinter?

Oft liegt es an mangelnder Erziehung oder nicht vorhandenen Grenzsetzungen. Stellenweise könnte aber durch ein gezieltes Nachfragen: „Warum macht mein Pferd das?", so manches Magengeschwür frühzeitig entdeckt werden. Wir hatten bereits unzählige Stuten im Training, von denen es hieß: „Das ist halt einfach eine Zicke." Bei einer empfohlenen Untersuchung stellten sich dann in vielen Fällen hormonelle Probleme oder gar Zysten an den Eierstöcken heraus.
Wir möchten hier nicht übersensibilisieren und selbstverständlich können auch Pferde einmal einen schlechten Tag haben, aber es ist uns dennoch wichtig, daran zu erinnern, dass ein schlechter Tag nicht über Wochen oder gar Monate anhält. Der Charakter eines Pferdes spielt natürlich in Bezug auf sein Verhalten eine wesentliche Rolle. Trotz allem halten wir uns immer an die Devise: „Jedes Lebewesen hat das Recht auf Erziehung, mit aller Strenge der Liebe" (Jean-Claude Dysli). Der erste Gedanke, der in die Köpfe der Pferdebesitzer eingepflanzt werden sollte, wenn es um höfliches Verhalten beim Pferd geht, ist, dass Schieben, Drücken und Ziehen nichts anderes als ein stupides Kräftemessen hervorruft. Anstatt ein Pferd, das mich zum Beispiel mit der Hinterhand aus dem Weg schieben möchte, mit zwei Händen und vollem Körpereinsatz zurück auf seinen Platz zu drücken (= 70 kg gegen 500 kg), nehmen wir zwei Finger und berühren damit die Hinterhand oder den Rippenbogen, welcher Teil auch immer gerade versucht, mich zu verdrängen. Wir beginnen natürlich vorsichtig und weich, steigern aber die Intensität, bis unser Pferd reagiert.

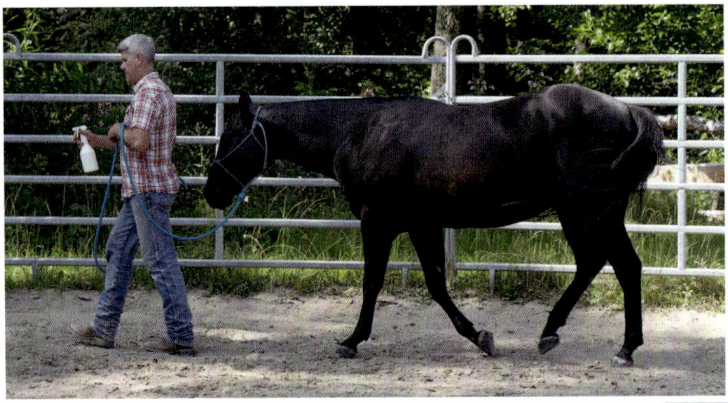

1

1 Im ersten Schritt sprühen wir das Wasser vor uns her.

2 Das Pferd hat sich an das Sprühgeräusch gewöhnt.

3 Anfangs kann man den Sprühnebel mit der Hand abfangen.

4 Sobald das Pferd das Sprühgeräusch akzeptiert, kann die Sprühflasche in viele Bereiche des Trainings, zum Beispiel bei der Bodenarbeit, miteinbezogen werden.

EINSPRÜHEN MIT MÄHNEN- UND FLIEGENSPRAY

Der Putzplatz ist oftmals auch der Ausgangsort für Schwierigkeiten, die zu einem großen Problem ausufern können. Unbedarft benutzt man bei einem unerfahrenen Pferd Mähnen- oder Fliegenspray, das Pferd erschrickt, springt rückwärts ins Halfter, der Besitzer erschrickt ebenfalls – und ist mit der Situation überfordert. Zu allem Übel reißt der Führstrick und das Pferd läuft weg.

Von außen betrachtet kann das mal passieren, auf den zweiten Blick sollte es jedoch gar nicht so weit kommen, wenn man die „7Ps“ beachtet (siehe Seite 74).

Wenn ich nicht weiß, ob mein Pferd Fliegenspray kennt bzw. ich mir nicht sicher bin, wie es reagiert, binde ich es zumindest los, damit die Situation im Zweifelsfall nicht eskalieren kann. Noch besser ist es natürlich, das Pferd im Vorfeld an dieses Thema zu gewöhnen. Am einfachsten mit jungen Pferden ist es, wenn man das Einsprühen in das Bodenarbeitstraining integriert. Wir nutzen dazu mit Wasser gefüllte Sprühflaschen. Als Erstes sprühen wir einfach so vor uns hin, während wir das Pferd, welches hinter uns läuft, führen. Weder beachten wir dabei das Pferd, noch schauen wir es an. Es soll sich, falls nötig, einfach an das Sprühgeräusch gewöhnen.

Beim stehenden Pferd platzieren wir uns auf Höhe der Mähne und imitieren immer wieder kurz mit unserer Stimme das Geräusch der Sprühflasche, ohne zu sprühen. Das kann auf den ganzen Pferdekörper ausgeweitet werden. Sollte das Pferd dabei erst mal nicht stehenbleiben, ist das vollkommen okay. Wir bewegen uns mit dem Pferd mit, bleiben aber, wenn möglich, an derselben Stelle des Pferdes. Natürlich loben wir immer wieder mit Stimme oder Kraulen.

Nun beziehen wir unsere Sprühflasche mit ein. Während wir unser Pferd zum Beispiel am Hals oder Widerrist streicheln, sprühen wir immer wieder kurz auf unseren Handrücken, sodass der Sprühflaschennebel nicht direkt auf das Pferdefell trifft. In vielen Fällen sind Pferde einfach so empfindlich und übersensibel, dass sie die Berührung dieses leichten Sprühnebels nicht leiden können. In manchen

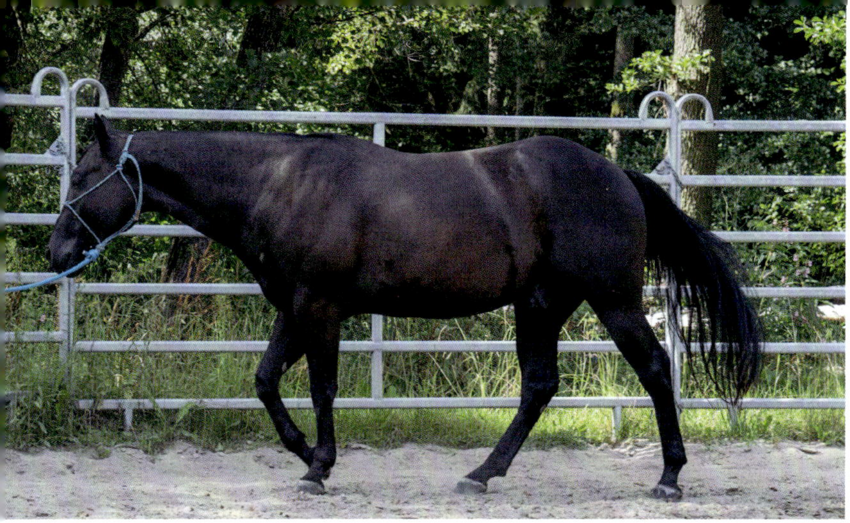

2

Fällen liegt es auch einfach nur am Geräusch der Sprühflasche oder es ist eine Kombination aus beidem.
Wir versuchen in der Vorbereitung so viele Faktoren wie möglich abzudecken. Deshalb imitieren wir zum einen das Geräusch der Flasche mit unserer Stimme („pffft, pffft“) und schützen zum anderen das Fell des Pferdes durch unsere Hand vor dem direkten Auftreffen des Sprühnebels.
In der Regel funktioniert das nach zwei bis drei Tagen prima und wir machen dasselbe unangebunden (Strick in der Hand) am Putzplatz. Nach weiteren drei bis vier Tagen ohne Anbinden sollte es auch angebunden ohne Schwierigkeiten funktionieren.

3

4

SPRAY-TIPP

Achtung! Erfahrungswert: Die ersten zwei- bis dreimal Einsprühen mit Fliegenspray nach der Winterpause binden wir die Pferde erst mal nicht an, um Probleme zu vermeiden.

HUFE GEBEN

Ein weiteres Kräftemessen ist oft rund um das Thema Hufe geben zu finden. Im Idealfall reagieren unsere Pferde auf der 7P-Ranch schon auf eine leichte Berührung und ein kurzes Klicken, um das angefragte Bein zu heben. Eine leichte Unterstützung mit der Hand an der Hufspitze des gehobenen Beines ist ausreichend, um das Pferdebein zu stabilisieren und die Hufe säubern zu können. Bei jungen Pferden, die beim Hufegeben noch unerfahren sind, funktioniert die Vorhand meist relativ einfach.

Bei der Hinterhand beginnen wir damit, ein Hinterbein nach vorne unter den Bauch zu nehmen. Falls Spannung auftauchen sollte, warten wir ab, bis sich das Pferd entspannt hat und setzen das Hinterbein wieder ab. Diesen Vorgang wiederholen wir so lange, bis das Hinterbein entspannt unter den Bauch genommen werden kann. Dann knicken wir den Huf vorsichtig im Fesselgelenk nach oben und führen das Pferdebein nach hinten, um den Huf säubern zu können.

Gerade bei jungen Pferden ist darauf zu achten, das Bein nicht zu lange in gehobener Position halten zu wollen. Sollten unsere Pferde das Bein absetzen wollen, können wir dies leicht verhindern, indem wir die Hufspitze leicht nach oben ziehen, bis das Pferd dem Druck nachgibt. Sobald das Pferd wieder ruhig steht, setzen wir das Bein ab, um dem Pferd zu signalisieren, wir kommen seinem Wunsch gerne nach, jedoch hat es auf uns zu warten und weich zu werden. Wir erreichen damit einen gewissen Grad an Höflichkeit in der Kommunikation.

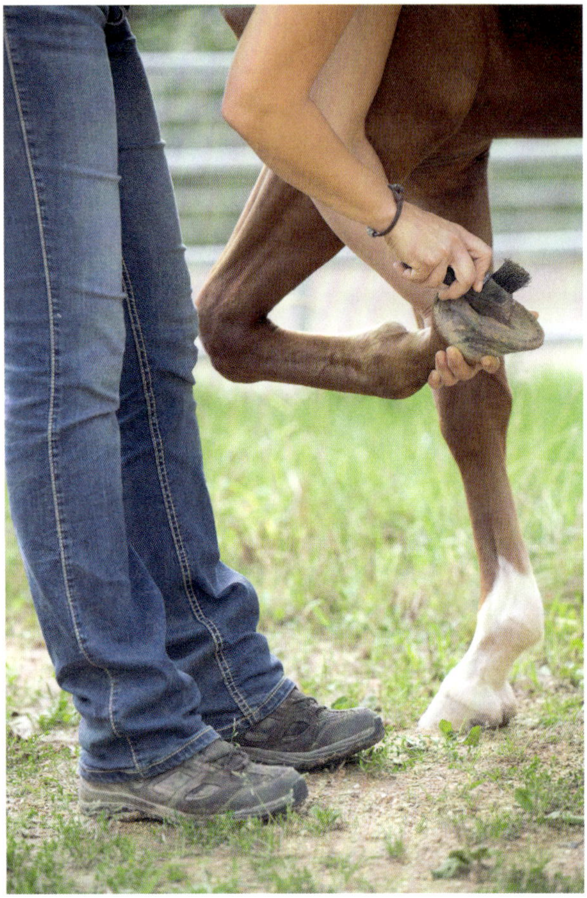

Das Auskratzen der Hufe gehört zur täglichen Routine in der Pferdepflege.

KEIN KRÄFTEMESSEN

Wichtig: Wenn das Pferd das Bein wegziehen möchte, bitte nicht mit Kraft gegen Kraft reagieren, sondern die Bewegung des Beines zulassen, dabei jedoch darauf achten, dass die Hufspitze leicht nach oben gezogen bleibt, sodass das Pferd sein Bein nicht freibekommt. Sobald das Pferd seine Bemühungen, das Bein freizubekommen, einstellt, das Pferdebein wieder absetzen. Pferd loben und von vorne beginnen.

Sobald das Hufegeben und -auskratzen an allen vier Hufen problemlos machbar ist, beginnen wir mit vorbereitendem Training für eventuelle Beschläge. Dazu beginnen wir zunächst nach dem Auskratzen der Hufe mit der flachen Seite des Hufkratzers auf den blanken Huf zu klopfen, wie mit einem Hammer. Anfangs nur 2 – 4-mal, später gerne auch öfter. Wenn die Pferde dies zulassen, nehmen wir gerne ein altes Hufeisen, legen es auf den sauberen Huf und klopfen ebenfalls mit dem Hufkratzer oder einem kleinen Hammer ungefähr wie der Hufschmied beim Aufnageln der Hufeisen auf das Eisen.

Hufschmied kennenlernen

Es empfiehlt sich bei Pferden, die ggf. irgendwann den ersten Hufbeschlag bekommen sollen, sie an die Geräusche und Gerüche beim Hufschmied zu gewöhnen. Bei uns auf der 7P-Ranch machen wir das, indem wir die Pferde in der Nähe des Arbeitsbereichs der Hufschmiede anbinden. So können sie den Ablauf beobachten und sich daran gewöhnen, ohne bereits selbst beschlagen zu werden.

Bei unerfahrenen Pferden führen wir das Hinterbein erst mal unter den Bauch des Pferdes.

CHECKLISTE HUFE GEBEN

Reagiert das Pferd nicht auf das höfliche Anfragen, ein Bein anzuheben, ist diese Reihenfolge zu beachten:

1. Prüfe, ob das Pferdebein „frei ist" oder steht das Pferd mit dem ganzen Gewicht darauf?
2. Falls nötig, das Pferd durch sanfte Berührung zur Gewichtsverlagerung animieren.
3. Mit der Hand von oben nach unten am Pferdebein entlangstreichen.
4. Akustische Aufforderung („klick, klick")
5. Impulsartiges Drücken am Röhrbein
6. Sollte das Pferd auf Drücken am Röhrbein hin immer noch nicht das Bein heben, klopfen wir mit den Fingern oder der Rückseite des Hufkratzers leicht auf den Fesselkopf.
7. Sobald das Pferdebein sich vom Boden löst, Hufspitze greifen und leicht nach oben ziehen.

Mit etwas Übung ist es für die Pferde ganz einfach, das Hinterbein nach hinten zu führen.

HÖFLICHES WEICHEN VOM FUTTER

Wir können es nicht oft genug erwähnen, dass für uns das Füttern aus der Hand ein absolutes No-Go ist. Es ist aus unserer Sicht eine der einfachsten Möglichkeiten, dem Pferd zu signalisieren, dass es in der Rangfolge über uns steht.

Beobachtet man eine Pferdeherde, wird man feststellen, dass der Ranghöhere sein Futter nicht einfach abgibt. Wir wollen für die Pferde ein zuverlässiger Anker sein, bei dem sie sich wohlfühlen können. Unsere Partnerschaft soll nicht infrage gestellt werden. Es ist verblüffend, auf wie viel Gegenwehr und vehemente Gegenargumentationen wir rund um dieses Thema stoßen. Oftmals werden Hunde (Raubtiere) und Pferde (Fluchttiere) auf eine Stufe gesetzt, mit der Begründung, man gäbe ja auch dem Hund im Training Leckerli. Es würde den Rahmen dieses Buches sprengen, darauf einzugehen, wie die genetische Veranlagung bei Raubtieren und somit auch das gesamte Lernverhalten im Gegensatz zu Fluchttieren funktioniert.

In vielen Diskussionen stellte sich bei genauem Nachfragen heraus, dass die

Leckerli-Gabe nicht unbedingt für das Pferd, sondern eher für den Besitzer wichtig ist. Von Gewissensberuhigung bis hin zu Liebe erkaufen ist so ziemlich alles dabei. Heruntergebrochen auf die Fakten allerdings ist unumstößlich klar: Will ich für mein Pferd zuverlässig in jeder Situation als Ansprechpartner gelten, der aufkommende Probleme zu lösen vermag, Grenzen setzen kann und ohne hinterfragt zu werden, akzeptiert wird, erledigen sich die meisten Argumente für eine Gabe von Futter aus der Hand. Unzählige Male wurden wir darauf angesprochen, warum wir von Pferden, welche die Besitzer teilweise selbst großgezogen haben, so anders behandelt werden.

Die Pferde sind uns gegenüber oftmals höflicher, halten Abstand, stehen ruhig, bleiben hinter uns, zeigen weniger Angstreaktionen bei Mülltonnen, Fahrzeugen usw. und sind im ganzen Umgang mit uns, wie es eine Kundin einmal ausgedrückt hat, weicher. Wir führen das vor allem darauf zurück, dass die Pferde bei uns lernen, vor dem Futter zu weichen. Hört sich erst mal seltsam an, ergibt aber im Detail betrachtet aus unserer Sicht sehr viel Sinn.

Mein Futter, dein Futter

Folgende Übung ist bei uns Standard: Ich gehe mit Karotten oder Ähnlichem zum Futtertrog meines Pferdes. Eine Karotte behalte ich in der Hand, den Rest werfe ich in den Futtertrog. Dort beginne ich nun, vom Pferd abgewandt, meine Karotte zu essen. Sobald das Pferd zu mir kommt und sich an diesem Festmahl beteiligen möchte, schicke ich es weg, nötigenfalls mit einem Fähnchenstab, und halte es auf Abstand. Sobald ich fertig gegessen habe, räume ich den Futtertrog leer und verlasse den Stall. Das Pferd wird im Futtertrog nachschauen, ob Futterreste zu finden sind. Tag 1 bis Tag 3 lasse ich dort nichts zurück.

Ab Tag 3 lasse ich ein paar Krümel im Futtertrog, bis Tag 5 oder 6 sogar ein bis zwei ganze Karotten.

1 Das Pferd ist interessiert, hält jedoch höflich Abstand.

2 Das Pferd kommt zu nah und wird auf Abstand gehalten.

1

2

Dann beginne ich das Ganze umgekehrt, jemand legt Karotten, Kraftfutter oder Ähnliches in den Futtertrog und ich warte, bis das Pferd zu fressen beginnt. Sobald das Pferd begonnen hat, nähere ich mich dem Futtertrog und schicke das Pferd höflich von dort weg, nötigenfalls mit einem Fähnchenstab. Ich räume den Futtertrog leer und tue so, als hätte ich es aufgegessen. Wieder ein paar Tage später sollte das Pferd im Idealfall die Futterstelle räumen, sobald ich mich nähere. Jetzt kann ich für eine Minute so tun, als würde mich dieses Futter interessieren. Sobald ich den Futtertrog verlasse, kann das Pferd in Ruhe weiterfressen. Warum verändert diese Übung das Verhalten meines Pferdes mir gegenüber? Vor dem Futter weichen ist das Erste, was Pferde in der Herde klären. Das ranghöhere Pferd nähert sich dem saftigen Kleefleck, dem Heuhaufen oder sonstiger Futterquelle und der Rest der Pferde sollte weichen.
Wir erwarten nicht, dass die Pferde diese Futterquelle komplett verlassen und weglaufen, aber der Ranghöhere wird definitiv darauf achten, dass seine Herdenmitglieder ihm ohne aufkommende Körperspannung und Aggression gegenüber Platz machen, damit er fressen kann.
Wir haben sogar Pferde beobachtet, die ihre Koppelkollegen vom Wasser fernhalten, um die Rangfolge zu klären. Futter und Wasser sind sehr wichtige Ressourcen für ein Fluchttier und uns ist es wichtig, dass „unsere Herdenmitglieder" bei unserem Erscheinen diese Ressourcen freizugeben haben. Es findet also eine gewisse Art von Nachgiebigkeit statt und die Pferde bringen uns Respekt entgegen.

GRUNDHANDLING FÜR MEDIZINISCHE VERSORGUNG

Grundsätzlich sollten Pferde immer händelbar sein und sich überall anfassen lassen. „Überall" ist oftmals jedoch Auslegungssache. Wer denkt dabei schon daran, dass man auch mal ins Maul fast, um an die Zunge zu greifen, um die Schleimhäute und das Zahnfleisch abzutasten, ein Fieberthermometer zu benutzen, das beim Pferd in der Regel in den Hintern muss, bei Wallachen und Hengsten der Schlauch bzw. die Hoden kontrolliert werden müssen sowie bei Stuten das Gesäuge. Oftmals ist auch die Kontrolle der Augenlider und die Innenseite der Ohren ein schwieriges Thema.

Vorbereitung der Apfelmus-Wurmkur, auch Babynahrung oder Matschbananen können hier verwendet werden. Die Pferdegeschmäcker sind bekanntlich verschieden.

Spielerisches Verabreichen der Wurmkur, ohne Gegenwehr freut sich das Pferd auf seinen Snack.

Gerade wenn es darum geht, in stressigen Situationen, zum Beispiel Notfällen, die Ruhe zu bewahren, fällt das um ein Vielfaches leichter, wenn so wenig Schwierigkeiten wie möglich im Umgang mit dem Pferd auftauchen.

Wurmkuren

Beginnen wir zunächst mit dem Kopf des Pferdes. Wurmkurzeit ist für den ein oder anderen Pferdebesitzer ein Dorn im Auge, weil viele Pferde nicht ausreichend erzogen sind, sich eine Wurmkur widerstandslos verabreichen zu lassen.
Für uns hat sich bewährt, nicht darauf zu warten, bis eine Wurmkur nötig ist, um etwas ins Maul des Pferdes zu verabreichen. Alte Wurmkurspritzen eignen sich hervorragend für das Training. Nachdem wir sie gründlich sauber gemacht haben, füllen wir sie für das Training zum Beispiel mit Apfelmus oder zermatschten Bananen. Erstaunlich viele Pferde proben einen fürchterlichen Aufstand, obwohl es keine Wurmkur ist, die wir ihnen geben, sondern Banane/Babynahrung/Fruchtmus oder Ähnliches.
Nach drei bis vier Tagen und dementsprechenden Wiederholungen freuen sie sich auf das Verabreichen dieser Leckereien. Wird es dann Zeit für die Wurmkur, beginnen wir ein bis zwei Tage vorher wieder damit, etwas Leckeres zu verabreichen, damit die eigentliche Wurmkur dann nicht mehr schwerfällt.

WURMKUR-TRAINING

Wichtig: Bitte nicht nach der Wurmkur aufhören, sondern noch ein bis zwei Tage etwas Leckeres ins Maul spritzen.

Zahnkontrolle

Ebenfalls ist uns sehr wichtig, dass wir direkt ins Maul fassen können, um zum Beispiel die Zähne und die Schleimhäute zu kontrollieren, ebenso um die Zunge abtasten oder behandeln zu können. Für dieses Training ist das Pferd nicht angebunden, aber aufgehalftert.

Zunächst achten wir darauf, dass das Halfter locker am Pferdekopf sitzt, damit der Kiefer ungehindert geöffnet werden kann. Wir greifen mit einer Hand das Halfter und beginnen mit der anderen Hand, Nase und Maul des Pferdes zu berühren. Dabei sind wir nicht übermäßig vorsichtig, sondern benehmen uns ganz normal und üben leichten Druck bis hin zu einem Kneten aus.

Bei Gelegenheit schieben wir dann einen Daumen in den Maulwinkel des Pferdes (dort, wo sich keine Zähne befinden), um den Kiefer zu öffnen. Nun kann damit begonnen werden, Ober- oder Unterlippe nach oben bzw. unten zu schieben, um die Schleimhäute via Drucktest zu kontrollieren und abzutasten.

1

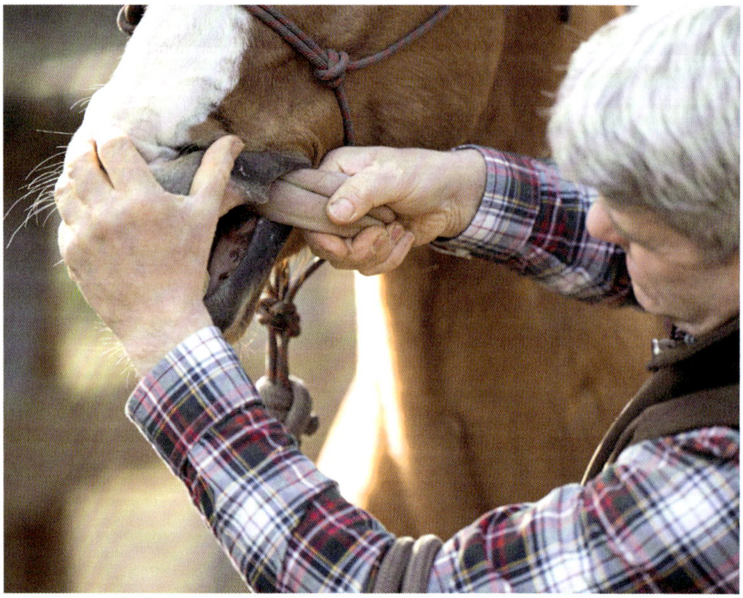

2

1 Kontrolle der Vorderzähne und der Schleimhäute.

2 Auch das Festhalten der Zunge sollte vorsichtig geübt werden, zum Beispiel wichtig zur Zahnkontrolle.

Augen- und Ohrenkontrolle

Ein weiterer Punkt, dessen Kontrolle nicht außer Acht gelassen werden darf, sind die Augen. Leider wird so etwas im alltäglichen Umgang viel zu wenig geübt, was im Falle von Verletzungen bei der Verabreichung von Salbe oder Augentropfen sehr oft zu immensen Schwierigkeiten führt. Um die Augen behandeln zu können, legen wir den Kopf des Pferdes auf unsere Schulter. Nachdem wir problemlos die Augen berühren und die Wangen abstreichen können, öffnen wir mit Daumen und Zeigefinger das Auge. In der Regel drückt der Daumen das untere Augenlid sanft nach unten in die Augenhöhle, während der Zeigefinger das obere Augenlid leicht nach oben schiebt, um das Auge zu behandeln zu können. Mit der anderen Hand kann, wenn nötig, Salbe, Tropfen usw. ins Auge eingebracht werden.

Auch die Ohren sind ein wichtiger Aspekt und sollten immer wieder kontrolliert werden. Die meisten Pferde finden es vor allem im Sommer, zur Mückenzeit, sehr angenehm, sanft gekratzt zu werden, da die Ohren meistens jucken. Viele Pferde erkennen auch den Vorteil, die Ohren anfassen zu lassen und zum Beispiel Kokosöl mit Lavendel aufzutragen, oder ähnliche Hausmittel, um die lästigen Fliegen, Mücken oder sonstige Biester fernzuhalten.

Diese Knöchelchen und Knorpel massieren wir gerne und ziehen auch mal sanft an ihnen. Viele Pferde genießen das und nach kurzem Üben steht dem Aufbringen von Kokosöl, Fliegenschutzmittel und Co. nichts mehr im Wege.

1

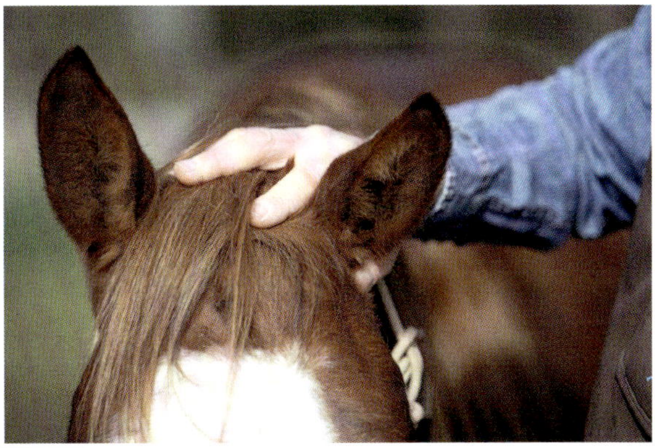

2

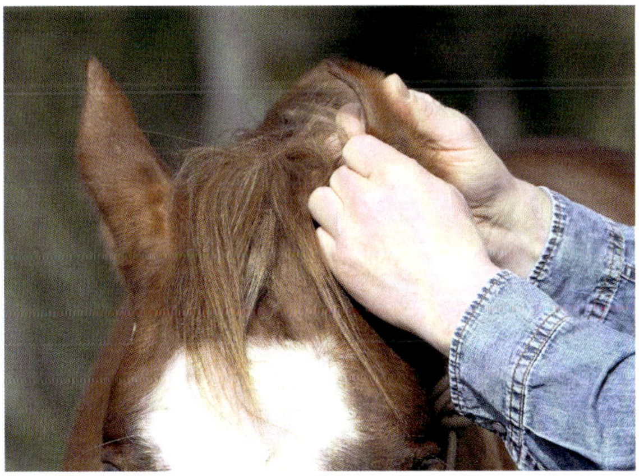

3

1 Mit Daumen und Zeigefinger öffnen wir vorsichtig das Auge.

2 Viele Pferde genießen eine sanfte Massage der Ohrknöchelchen und -knorpel.

3 Kontrolle des Ohrs auf Verletzungen.

Schlauch und Euter kontrollieren

Aus unserer Sicht unverzichtbar, auch aus hygienischen Gründen, ist der Bereich Schlauch/Schlauchtasche bei Hengsten und Walllachen, beziehungsweise das Gesäuge bei Stuten. Das Berühren dieser Zonen, Flanke/Bauchdecke, zwischen den Hinterbeinen, führt bei sehr vielen Pferden zu Schwierigkeiten.
Zunächst sollten wir unseren Pferden erklären, dass wir Menschen sie dort nicht berühren, um sie zum Spielen oder zum Bewegen aufzufordern. Eher im Gegenteil, wir erwarten von den Pferden, dass sie brav und ruhig stehen bleiben und sich ruhig verhalten.

Beim täglichen Umgang empfiehlt es sich zum Üben, die Innenseite der Hinterbeine bis nach oben zu berühren, zu streicheln und abzutasten. Auch beim Putzen der Pferde nehmen wir uns ausgiebig Zeit für das Berühren und Säubern der Flankengegend und den Bauch.
Erst wenn die Pferde dies als angenehm empfinden und dabei ruhig stehen, beginnen wir damit, Schlauch, Schlauchtasche und Zitzen zu berühren. Zitzen, vor allem die Zitzenzwischenräume, säubern wir nach Bedarf, aber mindestens einmal im Monat, im Sommer etwas häufiger, mit zum Beispiel einem Öltuch aus der Säuglingspflege.

Für das Säubern des Gesäuges empfehlen wir Öltücher aus der Säuglingspflege.

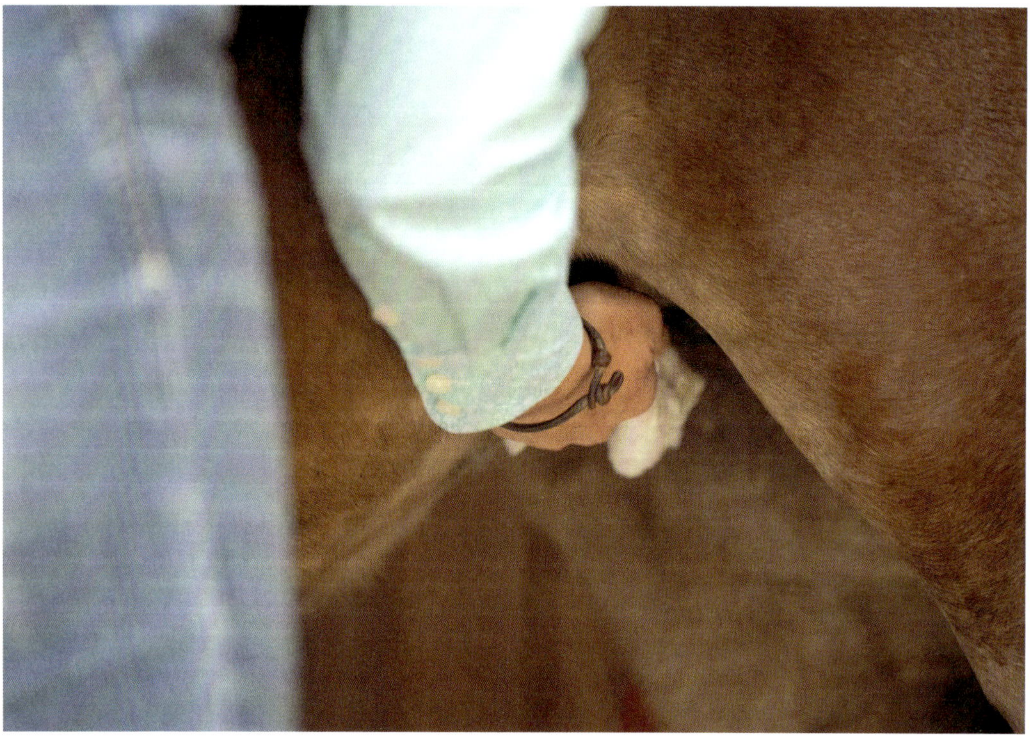

Regelmäßige Kontrolle der Darmgeräusche im Normalzustand kann helfen, eine auftretende Kolik schnell zu erkennen.

Wenn Wallache ausschachten, nutzen wir die Gelegenheit, um den Schlauch auf Eichelsteine zu kontrollieren. Beim Schlauch ist darauf zu achten, nicht übertrieben oft zu reinigen, da der natürliche Säurefilm als Schutz dient. Eine gründliche Schlauchreinigung empfehlen wir ca. einmal im Jahr, spätestens alle zwei Jahre. Sie wird von uns durchgeführt, zum Beispiel wenn die Pferde zur Behandlung der Zähne sediert sind.
Vor allem in der Fliegenzeit ist es für die meisten Pferde eine Erleichterung, wenn man die Schlauch- und Gesäugegegend ebenso wie die Innenseite der Schenkel regelmäßig mit Kokosöl eincremt.

DARMGERÄUSCHE

Außerdem ist es für uns selbstverständlich, die Darmgeräusche der Pferde im Normalzustand zu kennen, um im Falle einer unklaren Diagnose bezüglich einer eventuell aufkommenden Kolik, den Unterschied einschätzen zu können. Ist der Darm träger als normal? Oder hören sich die Geräusche gespannter an als sonst? Beziehungsweise sind Darmgeräusche häufiger oder weniger oft zu hören als normal?

1

2

1 Ein Pferdethermometer darf in keiner Stallapotheke fehlen.

2 Als Vorbereitung umgreifen wir die Schweifrübe, während wir das Pferd sanft kraulen.

Fieber messen

Zur weiteren Routine am Pferd gehört für uns auf jeden Fall auch das Fiebermessen. Allem voran ein kurzer Sicherheitsaspekt: Bitte haltet das Fieberthermometer beim Messen gut fest, da es schon vorgekommen ist, dass Pferde das Fieberthermometer in den Darm ziehen. Wer auf Nummer sicher gehen will, besorgt sich am besten für ca. 5 bis 15 Euro ein Pferdefieberthermometer, welches nicht eingezogen werden kann. Um es den Pferden angenehmer zu machen, vergesst bitte nicht die Verwendung von Vaseline oder Ähnlichem.
Eine sehr gute Übung im Bezug auf das Fiebermessen, welche sich vor

allem vorteilhaft auf das Reiten auswirken kann, ist die Arbeit an der Schweifrübe. Viele Pferde neigen dazu, wenn sie am Hinterteil berührt werden, die Schweifrübe anzuspannen oder gar einzuklemmen.

3

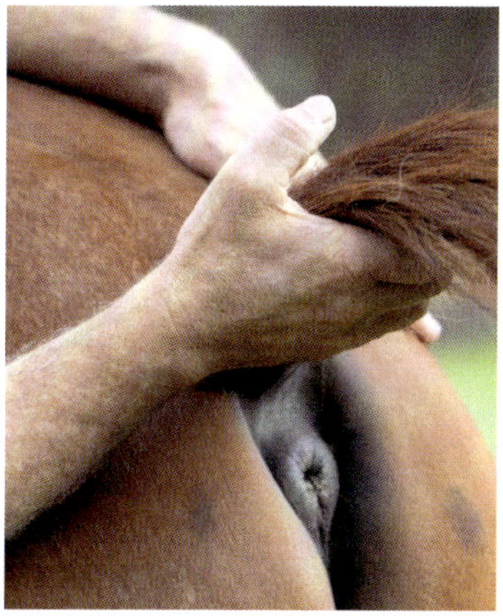

Das darf und sollte beim Fiebermessen nicht passieren. Zum Üben empfiehlt es sich, beim Putzen der Pferde die Schweifrübe zu umgreifen, nach links und rechts und mit Gefühl nach oben und nach unten zu bewegen. Bei sehr empfindlichen Pferden empfiehlt es sich, erst einmal den Bereich direkt neben der Schweifrüben sanft zu kratzen. Das mögen die meisten Pferde und lassen die Schweifrübe lockerer.

3 Im nächsten Schritt bewegen wir die Schweifrübe sanft nach oben und nach rechts und links.

4 Bei guter Vorbereitung sollte ein problemlosen Fiebermessen möglich sein.

4

Nachgiebigkeit auf indirekten Druck erarbeiten

Hat das Pferd nun durch verschiedene Übungen gelernt, auf direkten Druck nachgiebig zu reagieren, etablieren wir die Nachgiebigkeit gegenüber indirektem Druck.

DRUCKUNTERSCHIEDE

Indirekter Druck unterscheidet sich also vor allem dadurch von direktem Druck, dass wir unser Pferd nicht berühren möchten, weder bei schiebenden noch bei ziehenden Hilfen.

Bewegen des Pferdes mit indirektem Druck

Indirekter Druck ist grob beschrieben alles, was sich auf das Pferd zubewegt, wie zum Beispiel körperliche Präsenz, Gesten mit den Händen oder Ähnliches. Zu indirektem Druck zählt allerdings auch ein, nennen wir es, indirektes Ziehen am Pferd, was zum Beispiel durch eine einfache Rückwärtsbewegung des Menschen stattfindet.

Am besten ist die Anwendung von indirektem Druck zu sehen, wenn man Pferde untereinander bei der Kommunikation in einer Herde beobachten kann. Ein deutliches Beispiel für die Anwendung von indirektem Druck in der Herde ist, wenn ein ranghohes Tier einen Platz für sich beansprucht. Dabei ist in der Regel zu sehen, dass reine Präsenz und Körperspannung ausreichen, damit die übrigen Herdenmitglieder zur Seite weichen oder anderweitig den Ort verlassen, um Platz zu machen.

Eine Partnerschaft zwischen Pferd und Mensch sollte sich ohne Zwang entwickeln dürfen.

Freiarbeit

Die richtig angewandte Freiarbeit basiert überwiegend auf dem Prinzip des indirekten Drucks. Ein Hinbewegen zum Pferd kann es zu einer Bewegung vorwärts, rückwärts oder seitwärts bewegen. Ein Wegbewegen vom Pferd führt in der Regel dazu, die Pferde aufzufordern, aufmerksam zu werden und zu uns zu kommen. Bernd geht sogar so weit, dass er sagt, eine schiebende Hilfe ist für die psychische Losgelassenheit eines Pferdes einfacher als eine ziehende Hilfe, da die Pferde meist, wenn sie vorwärtslaufen, nach zwei bis drei Runden die Anspannung im Gehirn minimieren, so wie sie auch in einer Routine Runde um Runde unterwegs sind. Dabei lösen und entspannen sie sich.

Die ziehende Hilfe allerdings fordert die Aufmerksamkeit des Pferdes ein, welches zu einer Anspannung führt, wenn das Pferd die Aufgabe hinter einer ziehenden Hilfe verstanden hat. Das Pferd schaut zu uns, verändert seine Geschwindigkeit, verlässt in der Regel Bande oder Zaun, schätzt den Abstand zu uns ein und beobachtet genauestens, während es sich auf uns zubewegt, ob unsere Hilfe bereits beendet wurde oder ob wir es immer noch dazu auffordern, näher zu kommen. Was wir damit sagen wollen, ist, dass in unserem Training den schiebenden Hilfen mehr Gewichtung zukommt als den ziehenden Hilfen. Das liegt vor allem auch daran, dass wir oft junge, unerfahrene Pferde genauso wie auch Pferde, die durch falschen Umgang eine psychische Anspannung mit sich bringen, im Training haben. Die psychische Losgelassenheit steht bei uns immer an erster Stelle.

FÜHREN MIT HALFTER

In unserer heutigen Zeit gilt es leider mehr und mehr als normal, dass Pferde ihre Besitzer von A nach B ziehen. Es gilt als Kavaliersdelikt, wenn ein Pferd „mal zum Gras zieht, weil es ja fressen möchte". Beim Verladetraining gilt es als nicht so schlimm, wenn ein Pferd auf der Rampe stehenbleibt, rückwärtsgeht oder sich gar umdreht und wegläuft.
All diese Pferde werden trotzdem als halfterführig bezeichnet, einfach nur aus dem Grund, weil sie ein Halfter

Pferde müssen lernen, höflich abzuwarten – in geduldiger Ruhe.

tragen und ungefähr in die Richtung gehen, in die sie am Führstrick gezerrt werden.
Von weich und leicht ist oftmals keine Spur und die Aufmerksamkeit des Besitzers gegenüber dem anderen am Ende des Führstricks lässt in der Regel sehr zu wünschen übrig. Auf diversen Kursen wird dann leider oft vermittelt, dass man Handschuhe tragen, den Führstrick noch kürzer halten sollte – und dass das Pferd ein Dominanzproblem habe.

Die drei Führpositionen

Wie bereits anfangs erwähnt, gibt es bei uns drei Führpositionen. Das Erste, was unsere Pferde lernen, ist hinter uns zu bleiben (Führposition 1) und respektvoll Abstand zu halten. Wir führen also unsere Pferde in der Regel nicht seitlich, es sein denn, wir möchten explizit Führposition 2 (das Pferd ist neben uns) oder Führposition 3 (wir sind hinter dem Pferd) einnehmen.
Um die Führpositionen bei jungen, unerfahrenen Pferden zu etablieren, empfiehlt es sich, in einem umzäunten Bereich zu arbeiten. Wir verwenden für diese Arbeit ein gutsitzendes Knotenhalfter mit einem langen Führstrick (unsere Bodenarbeitsseile sind 3,7 Meter lang).

Wenn die Basis stimmt, können auch mehrere Pferde problemlos geführt werden, da jedes Pferd seine Führposition kennt und die Leitperson akzeptiert.

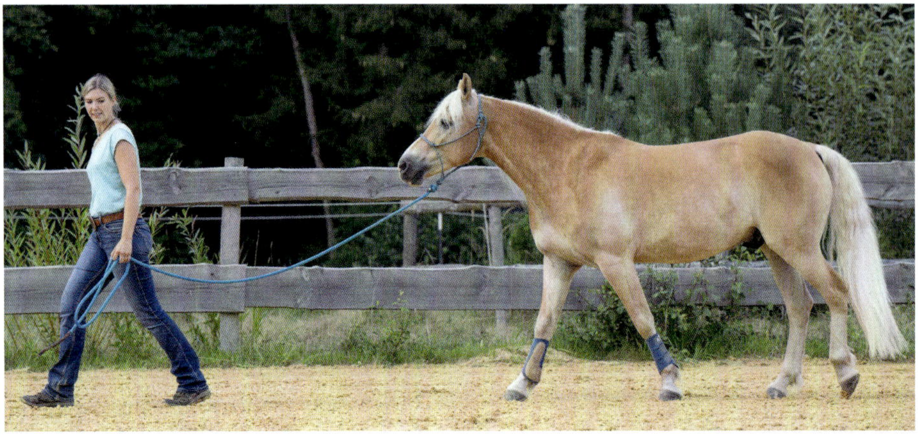

1

1 Führposition 1: Das Pferd läuft hinter dem Menschen.

2 Führposition 2: Der Mensch befindet sich ca. auf Höhe des Widerrists.

3 Führposition 3: Der Mensch befindet sich auf Höhe der Hinterhand oder hinter dem Pferd.

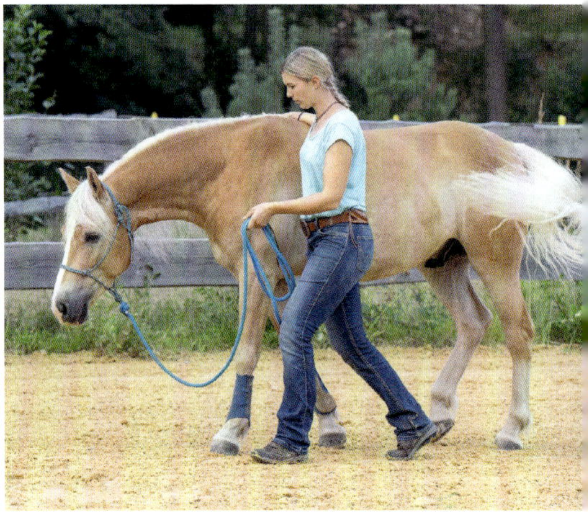

2

Führposition 1

Wir beginnen mit Führposition 1, das Pferd folgt uns willig in einem angemessenen Abstand, mit ca. einer halben Pferdelänge. Nach ca. zehn bis zwölf Metern bleiben wir unvermittelt stehen. Wir erwarten von unserem Pferd, dass es in ungefähr demselbem Abstand, wie wir losgelaufen sind, hinter uns ebenfalls abrupt stehenbleibt. Bedrängt uns das Pferd, oder möchte es uns gar überholen, klatschen wir mit dem ledernen Ende des Führstricks auf den Boden oder unseren Stiefel, wahlweise auch gerne auf unseren Rücken (empfiehlt sich vor allem im Herbst und Winter mit dicker Jacke), wenn es sein muss, auch mehrmals hintereinander, um dem Pferd zu erklären: „Bleibe lieber hinter mir, hier vorne ist es gefährlich." Nach zwei bis drei Wiederholungen sollte das Pferd auf Abstand stehen bleiben, wenn wir anhalten. Um die Aufmerksamkeit des Pferdes zu steigern, kann man nun etwas schneller beziehungsweise etwas langsamer werden, wobei sich das Pferd unserer Geschwindigkeit anpassen sollte, ohne den Abstand zu uns zu verändern.

Bei der Erarbeitung der Führposition 1 etablieren wir auch das Verständnis für indirekten Druck beim Pferd. Im Idealfall reicht unsere Präsenz aus, damit das Pferd sowohl unser Führtempo einhält als auch stehen bleibt, wenn wir stehen bleiben.

Führposition 2

Als nächstes möchten wir unser Pferd gezielt vorausschicken können und uns auf Schulter- bzw. Widerristhöhe aufhalten (Führposition 2). Wir beginnen damit, dass unser Pferd hinter uns läuft, also in Führposition 1.
Entscheidend ist nun, in welcher Hand wir unseren Führstrick halten. Haben wir unseren Führstrick in der linken Hand, müssen wir auf die linke Seite

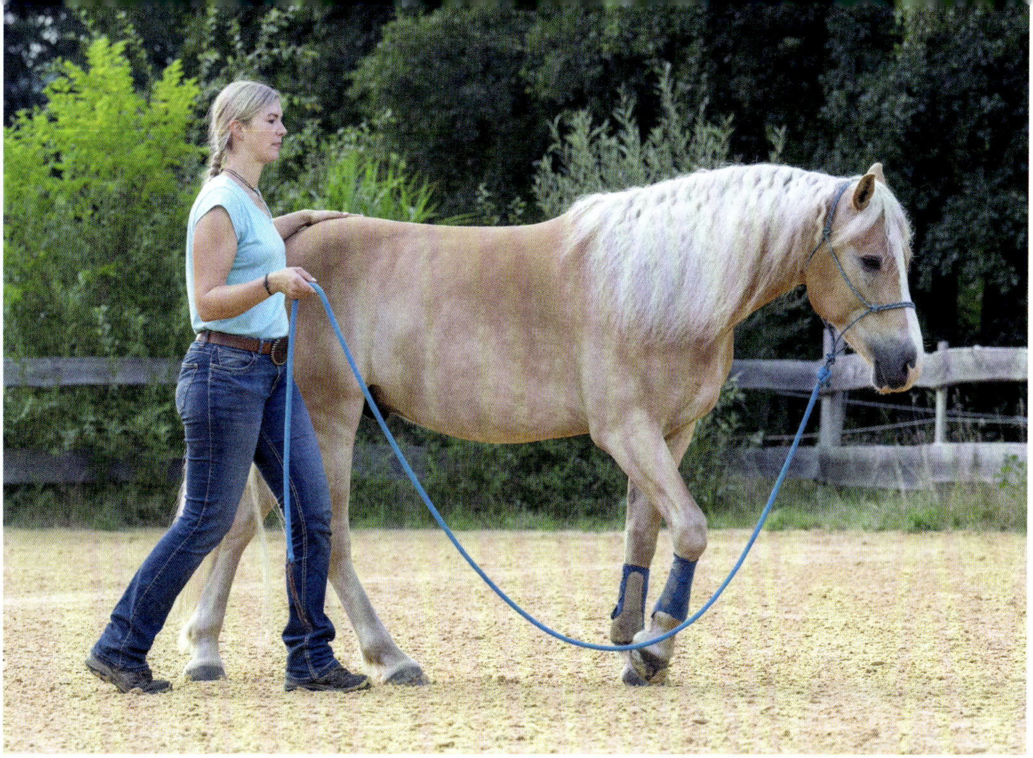

3

des Pferdes. Halten wir unseren Führstrick in der rechten Hand, müssen wir auf die rechte Seite des Pferdes. In unserem Beispiel haben wir den Führstrick in der linken, das Führstrickende befindet sich in der rechten Hand. Nun heben wir die linke Hand und bewegen uns in einem Halbkreis nach links zur Schulter des Pferdes. Es ist darauf zu achten, dass der Führstrick lose in Verbindung zum Pferd bleibt, um es nicht zu verwirren. Die linke Hand befindet sich auf Höhe des Pferdeauges und kann beginnen, sanft zu winken, um das Pferd daran zu hindern, sich zu uns zu wenden.
Wichtig bei dieser Übung ist, dass unser Lauf-Rhythmus gleichbleibt, denn das Pferd soll nicht stehenbleiben, sondern sich weiter mit uns im Schritt bewegen. Hält es dennoch an, nutzen wir unsere Stimme oder das Ende unseres Führstricks in Richtung Schulter, um das Pferd weiterhin in Bewegung zu halten.
Anfangs lösen wir die Führposition nach wenigen Metern auf, indem wir uns vom Pferd wegdrehen, sodass es uns wieder folgen muss und somit in Führposition 1 landet.
Mit mehrmaligen Wiederholungen steigern wir auch die Distanz, zehn bis 20 Meter sollten mit ein bisschen Übung relativ schnell möglich sein. Beziehen wir diese Übung regelmäßig in unser Training ein, sind selbst Spaziergänge in Position 2 am losen Führstrick kein Problem. Selbstverständlich sollte dies auf beiden Seiten geübt und umgesetzt werden.

Führposition 3

Das Erarbeiten der Führposition 3 ist relativ einfach, wenn Führposition 2 problemlos funktioniert. Alles, was wir tun mussen, ist, uns beim Üben Stück für Stück zurückfallen zu lassen, bis wir letzten Endes neben der Kruppe oder gar hinter dem Pferd landen. Selbstverständlich ist auch hier auf einen losen Führstrick zu achten. Aus unserer Sicht ist es für die Ausbildung eines Pferdes wichtig, dass es sich aus Führposition 2 und optimalerweise auch aus Führposition 3 mit direktem und indirektem Druck lenken lässt. Es ist eine optimale Vorbereitung für die Arbeit an der Doppellonge.

Erarbeitung der Lenkung

In unserem Beispiel befinden wir uns auf Führposition 2 auf der linken Seite des Pferdes. Um nun die Lenkung des Pferdes zu erarbeiten, versuchen wir zunächst unser Pferd mit indirektem Druck zu lenken. Wir drehen unsere linke Schulter leicht vom Pferd weg und verändern unsere Körperposition etwas mehr nach links, um das Pferd nach links zu lenken.
Reagiert unser Pferd nicht darauf, nutzen wir unseren Führstrick und beginnen leicht daran zu zupfen. Hier wechselt nun der indirekte Druck in den direkten Druck und gleichzeitig ist es auch eine sanfte Korrektur, weil unser Pferd auf die Positionierung unseres Körpers nicht reagiert hat. Nach ein paar Wiederholungen sollte das Pferd verstanden haben, dass seine Aufmerksamkeit bei uns bleibt und dadurch das Zupfen am Führstrick vermeidet.
Lenken wir das Pferd in unserem Beispiel nach rechts, beginnen wir ebenfalls zunächst mit indirektem Druck. Aus Führposition 2 heben wir unsere linke Hand und nehmen die linke Schulter etwas mehr nach vorne, somit drehen wir uns sozusagen etwas mehr zum Pferd.
Reagiert unser Pferd nicht darauf, beginnen wir zunächst Richtung Auge zu winken. Ignoriert unser Pferd auch das, berühren wir entweder die Halsung oder den Kopf des Pferdes und lenken es so mit direktem Druck. Auch hier ist das Ziel, das Verständnis des Pferdes so weit zu etablieren, dass es bereits auf die Veränderung unserer Körperposition reagiert.

ERSTES TRAINING

Wichtig: Wir beginnen immer mit kleinen Schritten! Am Tag 1 muss das Pferd nicht weit gehen und viel gelenkt werden. Wir freuen wir uns vor allem über jeden Versuch des Pferdes, die Aufmerksamkeit bei uns zu lassen und herauszufinden, wie es unserem Wunsch entsprechen kann. In der Regel sind unsere Jungpferde am Tag 2 sehr gut lenkbar und reagieren auf unseren Körper.

Sobald das Lenken aus Führposition 2 problemlos funktioniert, erarbeiten wir uns die Lenkung aus Führposition 3. Dabei lassen wir uns Stück für Stück mehr nach hinten fallen und fragen unser Pferd erst dann nach einer Reaktion auf unseren Körper. Sollte das Pferd unsere Lenkbewegung nicht mit ausführen, begeben wir uns in Führposition 2 und verstärken dadurch unsere Hilfen.

WEICH UND LEICHT

Dem aufmerksamen Leser wird sicherlich auffallen, dass wir sehr oft von „weich und leicht" sprechen. Vor allem natürlich, wenn es um die Hilfen am Führstrick bzw. auch bezüglich der Reiterei um die Zügel- und Schenkelhilfen geht. In der modernen Pferdehaltung, speziell im Pferdetraining, sind diese Schlagworte mittlerweile sehr oft zu finden.
Leider nimmt die Diskussion um weich und leicht oftmals immense Dimensionen an und man verliert sich so sehr im Detail, dass man vergisst, dass weich und leicht erarbeitet werden sollten.
Das bedeutet, Pferde lernen ein weiches und leichtes Verhalten, indem sie lernen, Druck gegenüber nachgiebig zu reagieren.

Hier können wir wieder unseren Blick in eine Pferdeherde richten. Nonverbale Kommunikation über kleinste Gesten und Bewegungen findet erst statt, wenn verschiedene Parameter geklärt sind. Je nach Charakter der jeweiligen Pferde, kann die Herstellung einer Herdenstruktur unter Umständen auch mal Rangeleien zur Folge haben. Ebenso kann es auch im Training unter Umständen nötig sein, klare Grenzen zu setzen.
Oftmals vermissen wir die Ehrlichkeit in der Diskussion um Druck, da aus unserer Sicht zu viel um den heißen Brei herumgeredet wird und Probleme mit blumigen Worten beschönigt werden.
Dabei ist es eigentlich ganz einfach. Der alte Spruch: „Ein Gewitter soll die Luft reinigen, aber nicht die Ernte verderben", trifft aus unserer Sicht auch im Pferdetraining zu.

1

2

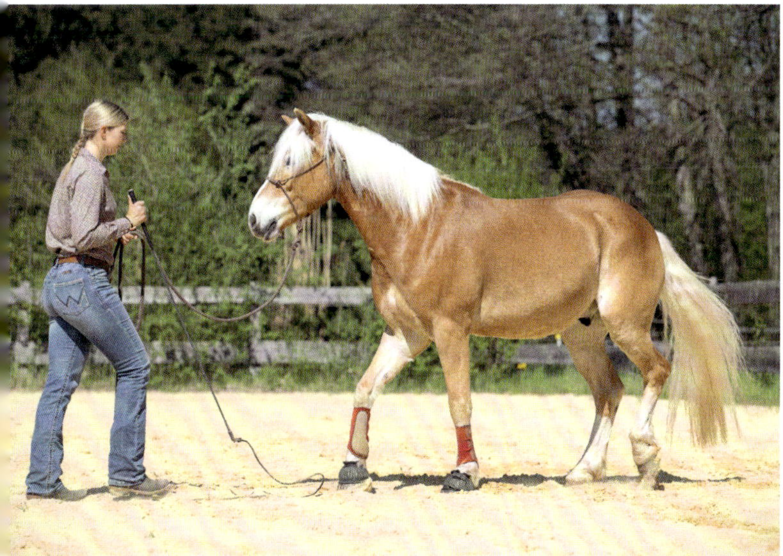

1 Weich und leicht lässt sich das Pferd in die Führposition 2 schicken

2 Dynamisches Rückwärts auf indirekten Druck.

Charakter und Einsatz des Pferdes

Die richtige charakterliche Einschätzung der Pferde ist wichtig, um im richtigen Maß bei schüchternen Pferden Selbstbewusstsein zu fördern bzw. bei dominanten Charakteren das Selbstbewusstsein etwas einzugrenzen.

Auch ist der spätere Einsatzzweck der Pferde zu beachten, da es aus unserer Sicht keinen Sinn ergibt, zum Beispiel einem Vielseitigkeitspferd das Selbstbewusstsein in zu hohem Maß zu begrenzen, denn später sind in Gelände und Parcours ein gutes Selbstbewusstsein und dementsprechend natürlich auch Mut vonnöten.

Dieses Beispiel lässt sich natürlich auch auf Pferde übertragen, die an Rindern arbeiten, oder auf Freizeitpferde, die auf langen Wanderritten unterwegs sind. Autobahnbrücken, Unterführungen, LKWs und Fahrzeuge aller Art sollten diese Pferde nicht verängstigen.

Führen mit Knotenhalfter

Im Training haben sich unsere Knotenhalfter sehr bewährt. Wir nutzen eine relative starre Ausführung der Halfter, mit zwei Knoten. Die Steifigkeit im Halfter und die feste Verbindung des Bodenarbeitsseils zum Halfter (wir benutzen zwischen Seil und Halfter keine Haken) führen dazu, dass unser Halfter eine Art Rahmen um den Kopf des Pferdes, speziell um die Nase bildet.

Bewegt sich der Führstrick nach links oder rechts, vorwärts oder rückwärts, verschiebt sich somit auch der verhältnismäßig starre Rahmen am Pferdekopf. So wird es für unsere Pferde relativ einfach, unsere Hilfengebung zu lesen.

RÜCKWÄRTSRICHTEN

Eine sehr gute Übung, um die Nachgiebigkeit im Pferd zu etablieren, ist das Rückwärtsrichten. Wie bereits erwähnt, verwenden wir dazu ein Knotenhalfter. Wir stehen in diesem Beispiel auf der linken Seite des Pferdes, Blickrichtung zur Hinterhand, und haben die linke Hand am unteren Ende des Knotenhalfters, am Kopf des Pferdes. Dabei ist unser kleiner Finger nach oben gerichtet, Richtung Pferdekiefer. Dies ermöglicht uns, den Druck des Halfters sehr fein dosieren zu können.

Um nun die Beine des Pferdes rückwärtszubewegen, beginnen wir am Halfter leicht zu wackeln. Im Idealfall setzt sich das Pferd rückwärts in Bewegung. Sobald der erste Schritt stattfindet, und

1

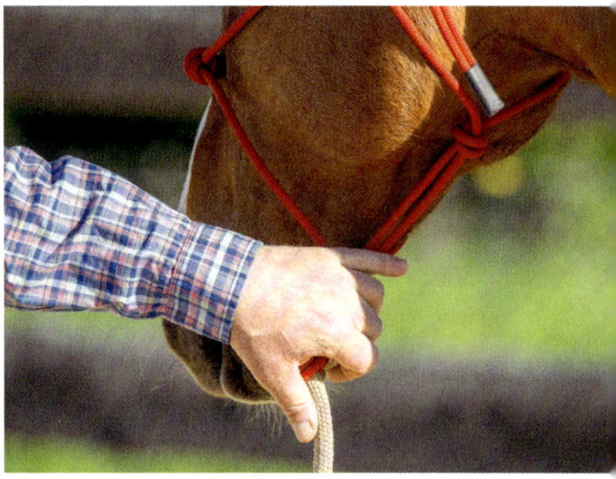

2

sei es auch nur ein Bein, stellen wir das Wackeln am Halfter kurz ein und beginnen erneut damit, um einen zweiten Schritt einzufordern. Reagiert das Pferd auf das Wackeln am Halfter mit Gegendruck, verstärken wir die Hilfe. Der Spruch: „So wenig wie möglich, so viel wie nötig", begleitet uns durch das gesamte Pferdetraining.
Nach mehrmaligem Wiederholen sollte es uns möglich sein, unser Pferd Schritt für Schritt durch eine leichte Bewegung des Halfters rückwärtszuführen. Es ist darauf zu achten, dass unser Pferd beim Rückwärtsrichten in den Zweitakt findet.
Der nächste Punkt betrifft die Nachgiebigkeit des Kopfes bzw. der Halsung. Uns ist wichtig, dass Pferde erst einmal eine Bewegung zulassen, sprich in diesem Fall eine Rückwärtsbewegung ausführen. Erst dann beginnen wir die Nachgiebigkeit im Kopf und Hals einzufordern. Dazu schließen wir unsere sich am Kinnknoten befindende Hand und erzeugen somit einen sanften Druck um die Nase des Pferdes. Wichtig ist hierbei, auf die Reaktion des Pferdes zu achten und den Druck fein zu dosieren. „Zu viel und zu schnell" führen unweigerlich zu Gegendruck und veranlassen das Pferd, gegen unsere Hilfe zu gehen.
Hierbei ist aus unserer Sicht wieder wichtig, das Pferd richtig einzuschätzen, um es dort abholen zu können, wo es willig mitarbeiten kann. Gibt unser Pferd auf die sanft geschlossene Hand hin nach, öffnen wir diese sofort und loben unser Pferd. Nach mehrmaligem Wiederholen der vertikalen Nachgiebigkeit kombinieren wir den Druck mit sanftem Wackeln am Halfter. Im Idealfall tritt nun das Pferd mit lockerer Halsung und gewölbtem Rücken einige Schritte rückwärts.
Wir erarbeiten uns das Rückwärtsrichten so fein, dass es nach einigen Trainingseinheiten reicht, das Halfter mit nur einem Finger zu berühren und dadurch das Pferd aufgefordert wird, rückwärtszutreten.

1 Sanftes Schließen der Hand am Knotenhalfter.

2 Ordentliches Rückwärtstreten mit gewölbtem Rücken.

Gelenktes Rückwärtsrichten

Ein weiteres wichtiges Element zu diesem Thema ist für uns das Lenken beim Rückwärtsrichten. In unserem Beispiel stehen wir auf der linken Seite des Pferdes und aktivieren es zunächst geradeaus rückwärts. Verlässt nun das rechte Vorderbein den Boden, bewegen wir unsere Hand mit dem Halfter weg von uns, um das Pferdebein nach rechts zur Seite zu setzen.

Da sich das Pferd im Zweitakt befinden sollte, wird das Pferd, um die Balance zu erhalten, das linke Hinterbein, welches sich im Zweitakt gleichzeitig mit dem rechten Vorderbein bewegen wird, nach links zur Seite setzen. Somit können wir jedes einzelne Vorderbein dazu benutzen, unser Pferd rückwärtszulenken.
Ein weiches Setzen der Pferdebeine ist für uns eine wichtige Voraussetzung für ein durchlässiges und weiches Pferd.

1

WIE EINE SCHUBKARRE

Vereinfacht ausgedrückt kann man sich das gelenkte Rückwärtsrichten so vorstellen, als würde man eine Schubkarre rückwärtsschieben. Die Schubkarre befindet sich hinter uns und während wir rückwärtsgehen, setzen wir unser rechtes Bein immer ein Stück weiter rechts ab. Dies wird dazu führen, dass unsere Schubkarre nach links gelenkt wird. So reagiert dann auch das Pferd.

1 Trockenübungen sorgen für ein besseres Verständnis.

2 Rechtes Vorderbein setzt sich nach rechts, zeitgleich im Zweitakt das linke Hinterbein nach links.

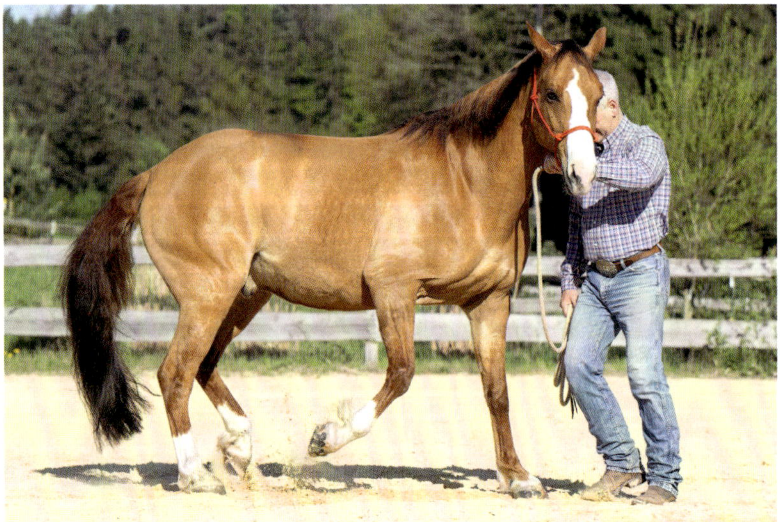

2

Der Fokus liegt auf dem hinteren inneren Bein, welches sich von uns wegbewegen soll. Der Führstrick ist dabei möglichst lose.

VOR- UND HINTERHAND-KONTROLLE

Ebenfalls eine entscheidende Säule in unserem Training ist die gezielte Kontrolle der Vor- und Hinterhand des Pferdes. Um es möglichst einfach zu veranschaulichen, teilen wir unser Pferd in zwei Hälften, einmal die Vorhand, bestehend aus Kopf, Hals und Vorderbeinen, ca. bis Mitte des Rippenkastens, und einmal die Hinterhand, ab ca. Mitte des Rippenkastens nach hinten, Kruppe und Hinterbeine.

Hinterhandkontrolle

Da es in der Regel einfacher ist, die Hinterhand zu bewegen, beginnen wir mit unserer Übung dort. Man kann es sich ganz einfach so vorstellen, dass wir gegenüber unserem Pferd einen gewissen Raum für uns beanspruchen, aus dem das Pferd weichen sollte.
Zunächst einmal müssen wir unser Pferd losschicken. Anders als landläufig verbreitet, treiben wir unsere Pferde nicht von hinten, sondern wir erzeugen eine Vorwärtsbewegung des Pferdes, indem wir hinter dem Schulterblatt treiben. Manche Pferde weichen zunächst seitwärts aus, suchen aber sehr schnell eine angenehmere Bewegung und beginnen vorwärtszutreten.
Sobald sich das Pferd vorwärtsbewegt, stellen wir das Treiben Richtung Schulter ein und verhalten uns passiv. Sollte es nötig sein, treiben wir wieder Richtung Schulter, wenn unser Pferd zum Beispiel die Gangart bricht.
Im nächsten Schritt möchten wir die Hinterhand des Pferdes von uns wegbewegen. Dazu greift nun die treiben de (rechte) Hand, vor die führende (linke) Hand, wir nennen diesen Vorgang Umgreifen, während wir gleichzeitig unseren Fokus auf das hintere innere Bein richten. Wir verändern unsere Körperachse, welche mit der Bewegungsrichtung des Pferdes ausgerichtet war, Richtung Hinterhand und bewegen uns anfangs mit ein paar Schritten geradeaus darauf zu. Im Idealfall kommt unser Führstrick nicht auf Spannung, es kann jedoch zu

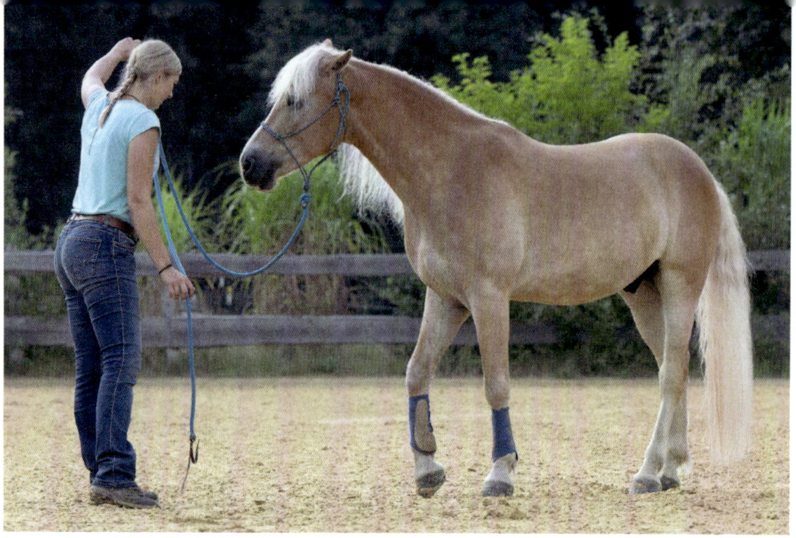

Bewegung der Vorhand, das rechte Vorderbein soll sich nach rechts in die neue Richtung bewegen, ohne dabei am Führstrick zu ziehen.

Beginn nötig sein, weich am Führstrick zu zupfen, um den Kopf des Pferdes leicht nach innen zu stellen, um seine Aufmerksamkeit zu erlangen.
Das hintere innere Bein sollte nun unter den Pferdebauch treten und die Hinterhand beginnen, nach außen von uns weg zu weichen, während die Vorhand stehenbleibt. Sobald die Hinterhand weicht, sollten wir unsere Bewegung einstellen, um dem Pferd zu erlauben, den Stopp selbst zu finden.

Vorhandkontrolle

Im Anschluss daran bewegen wir nun die Vorhand des Pferdes, indem unsere führende Hand ihr weich die Richtung weist (es ist möglichst darauf zu achten, dass wir nicht am Führstrick ziehen), während wir falls nötig mit unserer treibenden Hand mit dem Führstrick Richtung Schulter treiben. Wenn alles korrekt läuft, sollte das Pferd nun das Gewicht auf die Hinterhand nehmen und die Schulter von uns wegbewegen, mit anderen Worten, das linke Vorderbein des Pferdes tritt von uns weg und das Pferd hält den Abstand zu uns und beginnt sich wieder vorwärtszubewegen.

Es ist uns sehr wichtig, dass unsere Schüler vom Gedanken des ziehenden Führstricks wegkommen. Viel mehr Raum sollte der Gedanke eines von uns weichenden Pferdes finden. Wir können dies in beide Richtungen anwenden und somit unser Pferd um uns herum „longieren" bzw. wenden.

DIE FIGUR DER ACHT

Dieses Gefühl des „Nicht-ziehen-Müssens" lässt sich am besten durch unsere Achter-Übung erlangen oder verfeinern. Dazu brauchen wir zwei optische Anhaltspunkte, zum Beispiel Bälle, Pylonen, Tonnen oder ähnliches, um dem Pferd die Richtung und

1

den Sinn des Weichens zu vermitteln. Die Erfahrung hat gezeigt, dass bei phlegmatischen Pferden große Objekte besser funktionieren als kleine. Als Erstes positionieren wir die Objekte in einem Abstand von ca. drei bis maximal sechs Meter zueinander. Auch rund um beide Objekte herum sollte genügend Platz sein.

Wichtig ist zu wissen, dass die Bewegungsabfolge nur in der von uns beschriebenen Richtung und Reihenfolge funktionieren KANN, da der Führstrick sonst auf der falschen Seite des Pferdes landet.

Wir beginnen zunächst damit, uns eine Basis zu suchen, von der aus wir optisch gesehen ein Dreieck mit den Bällen bilden. Von dieser Basis aus schicken wir unser Pferd mittig durch die Bälle.

Da sich unser Führstrick links vom Pferd befindet, schicken wir unser Pferd zuerst um den linken Ball. Durch indirekten Druck am linken Auge des Pferdes können wir genügend Abstand herstellen, dass unser Pferd hinter dem Ball vorbeiläuft und auf ein weiches Signal von uns hin (wir bewegen uns einen oder zwei Schritte rückwärts) die Lücke zwischen uns und dem Ball findet.

Nun üben wir indirekten Druck auf das rechte Auge des Pferdes aus, um es dazu zu animieren, zwischen den Bällen hindurch nach rechts hinter dem rechten Ball vorbeizulaufen. Wieder folgt ein weiches Signal von uns, um das Pferd zwischen uns und den Ball zu „ziehen". In der Wiederholung beschreibt unser Pferd nun also eine Acht zwischen den Bällen, während wir uns mit etwas Übung, im Idealfall so wenig wie möglich oder vielleicht sogar gar nicht mehr bewegen müssen.

Eventuell kann es bei sensiblen Pferden einige Versuche brauchen, bis sie verstehen, dass sie „zwischen den Bällen hindurch, hinter den Bällen vorbei, um die Bälle herum" laufen sollen. Zu viel Druck beziehungsweise zu energisches Nachfragen kann hier kontraproduktiv sein. Diese Übung eignet sich hervorragend, um das Schieben und Ziehen am Auge über indirekten Druck zu optimieren.

1 Das Pferd kommt durch die Mitte nach rechts um den ersten Ball herum.

2 Nun soll das Pferd flüssig zwischen uns und dem Ball hindurch, um wieder durch die Mitte zu kommen.

3 Jetzt wird der Ball links von uns umrundet.

2

3

UMGANG MIT NERVOSITÄT UND SCHRECKHAFTIGKEIT

Es erreichen uns mittlerweile vermehrt Anfragen zu Pferden mit einer scheinbar übertriebenen Schreckhaftigkeit, welche die Besitzer sehr oft vor unlösbare Probleme stellt. Die Bandbreite ist unendlich erweiterbar, beginnend mit „das Pferd erschreckt sich beim Spazierengehen und reißt sich los“ bis hin zu „das Pferd erschreckt sich beim Reiten und beginnt zu bocken“. Drei Faktoren sind anfangs dabei zu beachten.

Faktor 1: Pferdecharakter

Als Erstes versuchen wir, das Pferd charakterlich einzuschätzen. Ist es eher ein schüchterner Kandidat oder der Clown? Ist es ein Sportler oder ein Couchpotato? Trägt das Pferd ein „Zicken-Gen“?

Faktor 2: Pferdekörper

Der nächste wichtige Punkt für uns ist die Einordnung der körperlichen Bauart des Pferdes. Rassebedingt, aber auch körperbautechnisch gibt es hier natürlich große Unterschiede. Vollblütige Pferde haben in der Regel ein anderes Fluchtverhalten als zum Beispiel kaltblütige Pferde. Ebenso verhält es sich mit dem Einsatz der körperlichen Kraft. Manches Pferd mit viel Masse setzt diese ein, um Probleme zu lösen, während drahtige Pferde sehr oft ihr Heil in der Geschwindigkeit suchen. Beim Körperbau fällt uns sehr oft vor allem das Gesichtsfeld der Pferde auf.
Breites Gesichtsfeld, mit seitlich angebrachten großen Augen = gute Rundumsicht. Enges Gesichtsfeld mit eher kleinen Augen = im Überblick begrenzt.

Eine echte Verbindung zum Pferd entsteht nicht von selbst – sie muss mit Respekt, Vertrauen und Geduld aufgebaut werden.

So gibt es unzählige Punkte, die allerdings den Rahmen dieses Buches sprengen würden. Ganaschenfreiheit, kurzer oder langer Hals, langes oder kurzes Röhrbein, Rückenlänge, Gurttiefe usw. können hier viel über ein Pferd aussagen.

Gesundheit des Pferdes

Neben dem Körperbau machen wir uns natürlich auch ein Bild von der gesundheitlichen Konstitution des Pferdes. Die Palette ist auch hier wieder unendlich.
Einige wenige Punkte, weil sie uns als besonders wichtig erscheinen, erwähnen wir hier: Viele Pferde bringen Probleme mit dem Magen mit. Überreizungen, der falsche Umgang mit Stress und in schlimmsten Fällen bereits ein Magengeschwür können sich massiv auf das Verhalten eines Pferdes auswirken.
Osteopathische/physiologische Probleme können zu einem ausgeprägteren Fluchtverhalten führen. Schlechte oder mangelnde Hufstellung und -pflege kann zu dauerhafter Reizung von verschiedenen Strukturen führen und dadurch zu dauerhaftem Unwohlsein des Pferdes.

Faktor 3: Pferdebesitzer

Der dritte Faktor, den wir unter die Lupe nehmen, ist der Besitzer des Pferdes. Handelt es sich hier um einen zum Beispiel eher defensiven oder offensiven Menschen? Ist der Geduldsfaden unendlich lang oder eine Zündschnur relativ kurz? Viele Menschen tragen auch aus ihrer persönlichen Situation ein großes Päckchen mit sich, bei dem es sich manchmal auszahlt, genauer hinzusehen. Viele Gespräche bei einer Tasse Kaffee haben uns hier oftmals einen anderen Blick auf eine Situation ermöglicht und Lösungswege finden lassen, die wir, ohne uns intensiver mit dem Menschen zu befassen, vermutlich gar nicht gefunden hätten und die manches Mal auch gar nichts mit dem Pferd zu tun hatten.

Ein souveränes, verlässliches Pferd zu formen, erfordert Zeit, Geduld, Liebe und eine konsequente Ausbildung.

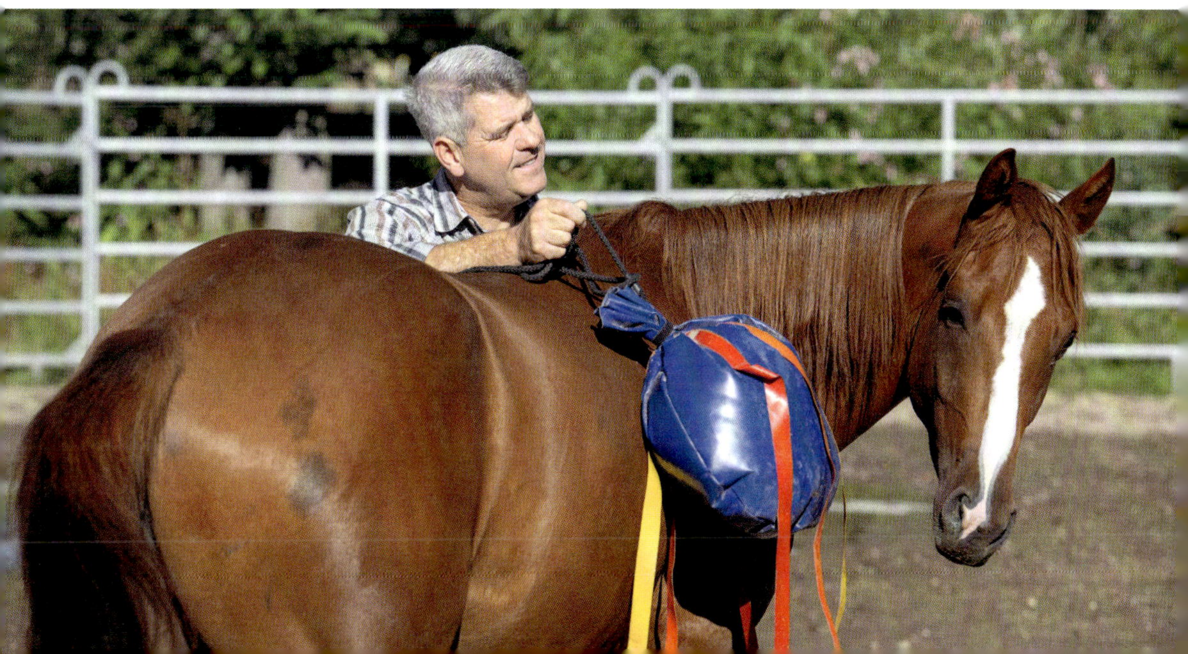

AUSSENREIZE

Da Pferde als Fluchttiere auf alle ihre Sinne angewiesen sind und somit genau betrachtet in einer stetigen Alarmbereitschaft leben, sehen wir es aus Reiter- bzw. Besitzersicht als sehr wichtig an, dass die Pferde lernen, mit Außenreizen umzugehen.

Wiederholungen

„Durch Wiederholung lernt man", dieser Satz trifft nicht nur auf uns Menschen zu, sondern vor allem auch auf unsere vierbeinigen Freunde. Durch regelmäßige bzw. mehrmalige Konfrontation mit, aus Pferdesicht schrecklichen Objekten bzw. Situationen, kann hier also unter Umständen eine Verbesserung eintreten. Wichtig bei der Herangehensweise ist es zu beachten, dass Dinge, die für das Pferd besorgniserregend erscheinen, von uns völlig unemotional und nicht übertrieben vorsichtig an das Pferd herangebracht werden.

Seitigkeit des Pferdes

Oftmals sind wir erstaunt, wie wenig sich manche Pferdebesitzer scheinbar mit der Natur des Pferdes auseinandergesetzt haben. Es wird anfangs eigentlich recht logisch gearbeitet und erste kleine Erfolge stellen sich ein. Die Freude über diesen Erfolg lässt aber den Besitzer augenscheinlich vergessen, dass Dinge, die zum Beispiel von der linken Seite aus funktionieren, nicht automatisch auch von rechts so gut laufen. Anstatt die zweite Seite genauso solide und langsam zu erarbeiten, sind manche Besitzer verblüfft, dass ihr Pferd jetzt „plötzlich" eskaliert, wo es doch schon so gut gelaufen ist.

Es wird sehr oft von den zwei Seiten des Pferdes gesprochen, damit ist links und rechts gemeint. Wir sind allerdings der Meinung, es gibt nicht nur zwei Seiten der Pferde, sondern sechs Seiten, die es sich lohnt zu erarbeiten. Links, rechts, vor dem Pferd, hinter dem Pferd, auf dem Pferd und unter dem Pferd. Denn aus jedem Blickwinkel kann ein und dasselbe Objekt plötzlich erschreckend und furchteinflößend wirken.

Gut zu wissen für das Training ist es auch, dass Pferde ihre Pulsrate sehr schnell anheben können, der Puls aber fast ebenso schnell auch wieder in den Normalzustand zurückkehren kann.

2

1

Dies ist ein großer Vorteil gegenüber uns Menschen, da wir durch Beobachtung sehr oft feststellen konnten, dass die Besitzer der Pferde in vielen Fällen viel länger im hohen Erregungszustand bzw. auf einer hohen Pulsrate verbleiben, weil das Erlebte sehr lange in ihnen nachwirkt.

TRAINING MIT OBJEKTEN

Natürlich kann alles, was beweglich und der Sache dienlich ist, im Training verwendet werden, um den Pferden zu erklären, dass sie sich auf uns verlassen können und wir immer Herr der Lage sind.
Bei uns im Training hat es sich sehr gut bewährt, folgende Dinge miteinzubeziehen: Fähnchenstab (oder Tütenstock), Plane, Stick, Gymnastikbälle, leere Kanister, Klappersack, Flatterbälle, Flattervorhang, Fahnen und Schwimmnudeln.
Der Umgang und die Herangehensweise an das Pferd sind für uns entscheidend. Zu oft erleben wir Besitzer, die dem Pferd neue Dinge übertrieben vorsichtig zeigen, was aus unserer Sicht keinen Sinn ergibt und in vielen Fällen im Pferd erst die Idee reifen lässt, dass hier etwas nicht stimmt. Dinge, denen von uns besondere Aufmerksamkeit geschenkt wird, müssen aus Pferdesicht irgendwie auch „besonders" sein.

1 Gerade Jungpferde profitieren davon, an viele verschiedene Objekte gewöhnt zu werden.

2 Für Fluchttiere ist es wichtig, Objekte aus verschiedenen Perspektiven kennenzulernen.

1

2

Zusätzlich dazu treffen wir oft auf Akustik, die künstlich beruhigend auf ein noch nicht aufgeregtes Pferd trifft. Das Pendant dazu sind manchmal Besitzer, die mit Objekten arbeiten, jedoch ihr Pferd dabei scheinbar nicht beachten und über manchen sichtbaren Besorgnispunkt des Pferdes hinweggehen, mit den Worten: „Er muss sich daran jetzt halt gewöhnen/da muss er jetzt durch".

Für uns stellt sich hier oft eine schwierige Situation dar, weil wir manchmal ein und demselben Besitzer erklären müssen, dass er zu vorsichtig ist, fünf Minuten später aber sagen, du solltest ein bisschen vorsichtiger sein.

Das richtige Maß zwischen „Schau mal Pony, es kann dir nichts passieren" und „Stell dich nicht so an, das ist ein alltäglicher Gegenstand" ist hier wichtig. Auch die Zielsetzung bei der Arbeit mit Objekten ist für uns ein sehr wichtiger Aspekt. Während wir bei manchen Pferden zufrieden sind, wenn sie zum Beispiel mit einem großen Satz über eine Plane springen, kann es sein, dass wir bei anderen Pferden so lange daran arbeiten, bis die Plane nicht nur überquert wird, sondern das Pferd überall damit berührt werden kann. Es kommt auf das Gemüt des Pferdes an und natürlich wieder auf die richtige Einschätzung einer Situation.

BERÜHRUNG AM WIDERRIST

Entgegen der Gewohnheit der meisten Menschen, beginnen wir nicht am Kopf bzw. der Nase des Pferdes, sondern am Widerrist. Genau betrachtet befinden wir uns als Puffer bzw. Abstandhalter zwischen Auge des Pferdes und dem Objekt, das es berührt.

ARBEIT MIT FÄHNCHENSTAB, FAHNE UND PLANE

Mit all unseren Trainingspferden beginnen wir mit der Arbeit an/mit Objekten, nachdem eine Halfterführigkeit vorhanden ist und wir die Einzelteile der Pferde, vor allem die Hinterhand, beweglich gemacht haben. In der Regel beginnen wir mit einem Fähnchenstab, da es sich im Training bewährt hat, von klein nach groß zu

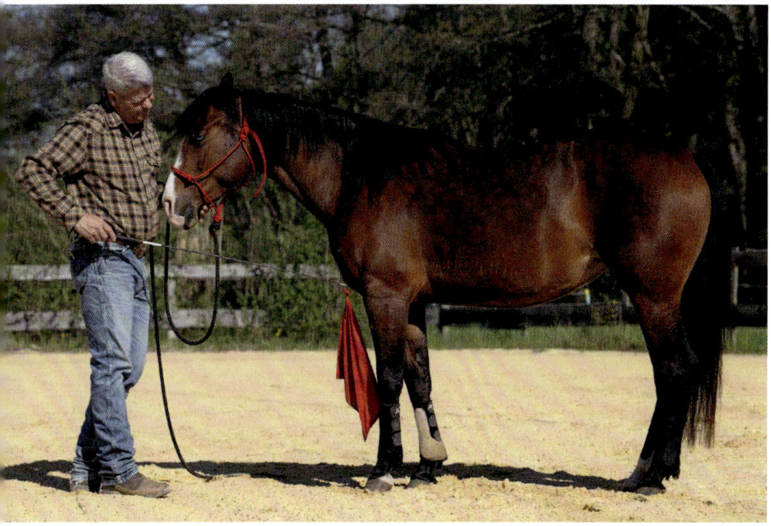

3

4

1 Das Fähnchen wird anfangs mit dem Daumen fixiert.

2 Berührungen unter dem Bauch und an den Hinterbeinen können gerade für junge Pferde erst mal ungewohnt sein.

3 Der Fähnchenstab dient als verlängerter Arm, so kann das Pferd an Berührungen gewöhnt werden.

4 Wird das Fähnchen auf „einem Auge" akzeptiert, kann man mit dem Überqueren des Widerrists beginnen.

kommen. Das bedeutet im Fall eines Fähnchens, dass wir zunächst den Fähnchenstab mittig greifen, den Stoff mit dem Daumen am Stab festhalten, damit nicht zu viel Gewedel entsteht. Nach mehrmaligen Berührungen lassen wir den Stoff los, nach ein paar weiteren Berührungen greifen wir den Stab am Griff und benutzen ihn wie gewohnt. Damit ein Gewöhnungsprozess eintritt, ist unser erstes Ziel, das Pferd mit dem Fähnchenstab überall und ohne große Aufregung berühren zu können.
Es vermittelt aus unserer Sicht den Pferden mehr Sicherheit, wenn wir das Objekt im übertragenen Sinne erst einmal zum Fellkraulen nutzen. Je sicherer und ruhiger das Pferd ist, desto mehr Geräusch kann man nach und nach ins Training mit einbauen. Sollte es Stellen geben, deren Berührung für das Pferd erst mal schwierig ist, kickt es zum Beispiel, mit dem

Hinterbein nach dem Fähnchenstab, dann bleiben wir so lange an dieser Stelle dran, bis die Skepsis/das Abwehrverhalten des Pferdes dem Objekt gegenüber abnimmt.
Vor allem bei Desensibilisierungsübungen ist es immens wichtig, dass wir dranbleiben, solange das Pferd skeptisch oder angespannt ist. Wir hören aber auch sofort auf, wenn sich die Akzeptanz verbessert oder sich das Pferd entspannt. Desweiteren ist uns wichtig, dass wir zunächst nur auf einem Auge/einer Seite des Pferdes arbeiten, das bedeutet, dass unser Objekt (in unserem Beispiel das Fähnchen) den Widerrist vorerst nicht überquert. Unser Pferd sieht also das Fähnchen entweder nur auf dem linken Auge, wenn wir links stehen, oder nur auf dem rechten Auge, wenn wir rechts stehen.
Den Widerrist überqueren wir mit unserem Fähnchen erst, wenn die Akzeptanz unseres Objekts auf „einem Auge" funktioniert. Die Arbeit mit der Plane und der Fahne ist im Großen und Ganzen ähnlich aufgebaut, wie die Arbeit mit dem Fähnchenstab (siehe Seite 116). Das Prinzip ist also immer dasselbe, von klein nach groß und wenn möglich, am Widerrist beginnend.
Blind Spots können nur durch freies Bewegen der Halsung und des Kopfes vom Pferd eingesehen werden. Deshalb ist uns bei der Arbeit vom Boden so wichtig, dass wir die Pferde nicht am Halfter oder kurzen Strick festhalten, sondern eine Bewegung sowohl der Beine als auch des Halses und des Kopfes jederzeit möglich und erlaubt ist.

1

2

BLIND SPOTS

Bei dieser Gelegenheit können wir auch gleich über die sogenannten „Blind Spots" des Pferdes sprechen. Wie die meisten Leute wissen, haben Pferde beinahe eine Rundumsicht. Lediglich direkt hinter sich befindet sich ein toter Winkel, ebenso wie direkt vor dem Pferd, wie auch direkt unter dem Pferd und unter dem Kinn bis vor der Brust sind blinde Flecken.

3

1 Abstreichen des Pferdes mit der Fahne.

2 Die Fahne wird weiter geöffnet.

3 Pferde sollten möglichst spielerisch Objekte auch von oben über Kopf und Hals kennenlernen.

4 Spielerische Gewöhnung an ein großes Objekt über dem Pferd.

5 Desensibilisierung auf Objekte von unten.

Wichtig und wissenswert ist auch, dass nur ein sehr kleiner Bereich vor dem Pferd durch das Pferdeauge scharf gesehen werden kann. Den Rest nimmt das Pferd nur unscharf wahr.

DESENSIBILISIERUNG GEGENÜBER DYNAMIK UND GERÄUSCHEN

Die Desensibilisierung gegenüber Dynamik und Geräuschen ist aus unserer Sicht nicht für jedes Pferd wichtig. Phlegmatische, schwerfallige Pferde werden dadurch eventuell sogar stumpfer und träger ihrer Umwelt gegenüber, was ein gezieltes Vorwärtsaktivieren erschweren kann.
Bei dieser Art von Pferden wäre es eher hilfreich, an einer Sensibilisierung gegenüber ausgewählten Gegenständen zu arbeiten. Das bedeutet, man beendet das Training nicht mit einem Pferd, das steht und entspannt ist, sondern mit einem Pferd, dass auf die Geräusche zugeht oder gar bei Berührungen motiviert vorwärtsgeht.

4

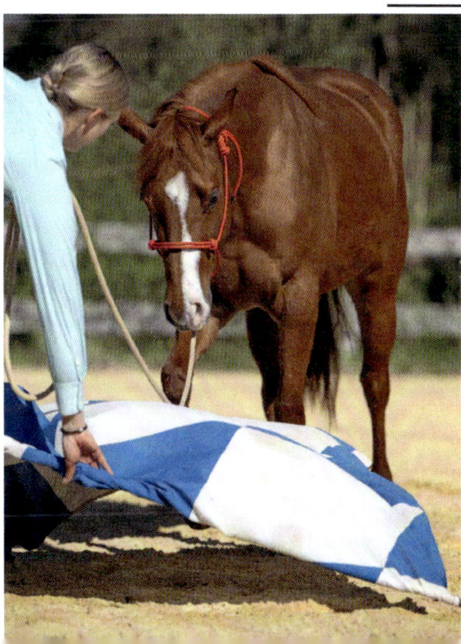

5

DESENSIBILISIERUNG MIT DEM STICK

Die Desensibilisierung mit dem Stick lässt sich – je nach Temperament und Sensibilität des Pferdes – spielerisch ins Training einbauen. Gerade geräuschempfindliche Tiere profitieren davon, kontrolliert an potenziell beängstigende Reize gewöhnt zu werden. In diesem Beispiel verwenden wir einen handelsüblichen Bodenarbeitsstick mit Seil.

1. Wir beginnen, vom Pferd abgewandt, das Seil von links nach rechts auf den Boden klatschen zu lassen – mit wenig Energie, die wir langsam steigern.

2. Dann drehen wir uns seitlich und lassen das Seil etwas mehr Richtung Pferd klatschen, erst nur auf der linken Seite, dann rechte Seite, ohne das Pferd dabei anzuschauen.

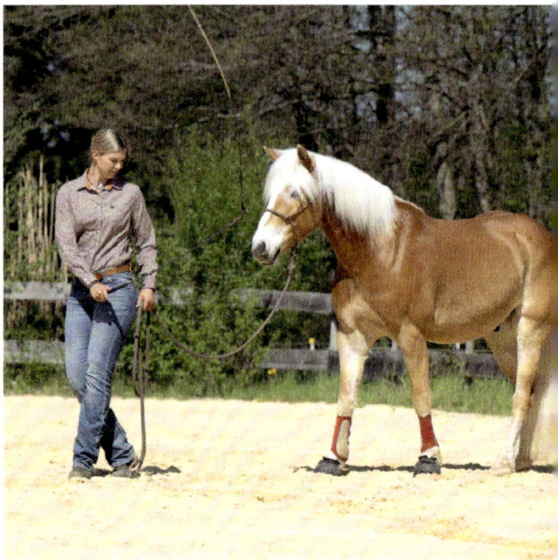

3. Nun schwingen wir das Seil abwechselnd links und rechts mehr in Richtung Pferd. Es soll im Idealfall immer noch ruhig stehen und lernen, den Reiz auszuhalten.

4.
Klappt die Übung abgewandt, starten wir erneut, diesmal dem Pferd zugewandt. Geht es rückwärts oder seitlich, gehen wir ruhig mit, bis es wieder steht.

5. Im nächsten Schritt schwingen wir den Stick über dem Pferd. Wichtig: Das Pferd dabei nicht mit dem Seil treffen, sondern auf Abstand und Kontrolle achten.

6. Bleibt das Pferd ruhig, kann die Übung mit mehr Energie wiederholt werden, immer mit Gefühl und Rücksicht auf die Reaktion des Pferdes.

ZIEHEN VON OBJEKTEN

Ein weiterer Trainingsstep kann die Arbeit mit Kanistern bzw. das Ziehen von Objekten sein. Nachdem wir unser Pferd mit dem Objekt, zum Beispiel Plastikkanister, Flatterball oder Klappersack, überall berühren können, beginnen wir damit, unser Pferd daran zu gewöhnen, dass wir Dinge hinter uns herschleifen.

Schritt 1: Bei dieser Arbeit beginnen wir zunächst in Führposition 1 (wir befinden uns also vor dem Pferd) und ziehen die Kanister seitlich von uns mit. Dabei hat das Pferd die Gelegenheit, die Kanister zu beobachten und sich an das Geräusch der Objekte zu gewöhnen. Gerne darf unser Pferd neugierig die Kanister begutachten oder auch berühren, während wir sie ziehen.
Schritt 2: Im nächsten Schritt befinden wir uns dann auf Führposition 2 (neben dem Pferd) und ziehen den Kanister direkt neben uns mit. Wir dienen jetzt also als Puffer zwischen Kanister und Pferd. Dies ermöglicht dem Pferd, auch bei etwaiger Überforderung, seitlich ausweichen zu können. Hier ist es wichtig, auf genügend Abstand zur Wand/Bande zu achten, damit unser Pferd im Falle einer Überforderung durch die seitliche Begrenzung der Wand nicht nach vorne losläuft und unter Umständen nach den Kanistern tritt.

1

2

Stück für Stück lassen wir nun die Kanister zurückfallen, da wir sie ja früher oder später hinter dem Pferd herschleifen wollen. Sollte sich das Pferd bei dieser Übung erschrecken und loslaufen, versuchen wir, die Hinterhand des Pferdes wegzuschicken und beginnen einfach noch mal von vorne. Wichtig ist, dass die Vorübungen gut sitzen, um das Losreißen des Pferdes mit einer steifen Halsung zu vermeiden. Unsere Pferde lernen, auch in Stresssituationen beweglich und dadurch kontrollierbar zu bleiben.

Schritt 3: Im dritten Schritt beginnen wir nun wieder mit Führposition 2, haben allerdings dieses Mal die Tanks bereits hinter uns, jedoch immer noch auf unserer Seite, und zwar zwischen Pferd und uns.

Die Longe kann dabei gerne den Widerrist berühren, während wir unsere Hand auf Höhe Widerrist halten. Durch Lenken des Pferdes können wir nun dafür sorgen, dass die Kanister, die wir hinter uns herziehen und die an einer Longe befestigt sind, die Hinterhand des Pferdes berühren. Natürlich nicht die Kanister, sondern die Longierleine, die durch das Gewicht der Kanister auf Spannung kommt. Stehen wir rechts von unserem Pferd und lenken das Pferd nach rechts, wird die Longierleine die Hinterhand nicht berühren. Lenken wir unser Pferd aber zum Beispiel nach links, kann die Longierleine die Hinterbeine berühren.

Schritt 4: Tritt hier ein Gewöhnungseffekt ein und das Pferd kann damit gut leben, beginnen wir mit Schritt 4. Wieder befinden wir uns auf Führposition 2, schleifen die Tanks hinter uns her, allerdings befindet sich unsere Longierleine nun auf der gegenüberliegenden Seite des Pferdes. Das bedeutet, das Pferd befindet sich also zwischen uns und der Longierleine. Wir bewegen uns wieder vorwärts und können auch hier

1 In Führposition 1 ziehen wir die Kanister seitlich von uns mit, das Pferd lernt das Objekt kennen.

2 In Führposition 2 sind wir Puffer zwischen Pferd und Objekt.

3 Danach folgen die Kanister hinter dem Pferd – die Longierleine liegt auf der gegenüberliegenden Seite.

4 Am Ohrenspiel erkennt man gut, dass das Pferd das Objekt hinter sich im Auge behält.

3

4

wieder durch Lenken des Pferdes den Druck der Longierleine auf die Hinterhand zulassen oder vermeiden.
Bei jungen und unerfahrenen Pferden empfiehlt es sich, Schritt 1 und 2 erst einmal in Ruhe auf jeder Seite des Pferdes zu erarbeiten, bevor man mit den Schritten 3 und 4 beginnt.

VERANTWORTUNG ÜBERNEHMEN

Aus unserer Sicht ist es wichtig, dass Pferde lernen zu akzeptieren, dass wir entscheiden, was gefährlich oder ungefährlich ist, ohne die Pferde durch ein ausgiebiges Untersuchen des Gegenstandes in diese Entscheidung mit einzubeziehen.

FLATTERBALL

Eine besonders gute Vorbereitung für eine Bewegung auf das Pferd zu bzw. seitlich am Pferd bietet die Arbeit mit dem Flatterball. Speziell um Probleme bei den ersten Ritten mit Jungpferden zu vermeiden oder aber auch, um skeptischen oder schreckhaften Pferden ihre Unsicherheit zu nehmen. Folgende Übung lassen wir immer wieder ins Training unserer Pferde mit einfließen:
Wir stehen seitlich am Pferd und halten den Führstrick, der am Flatterball befestigt ist, in unserer dem Pferd abgewandten Hand.
Nun beginnen wir damit, uns den Ball nicht übertrieben langsam, jedoch auch nicht übertrieben forsch, über die Schulter zu legen und wieder herunterzunehmen. Sollte das Pferd sich dadurch bedrängt fühlen und bewegen wollen, darf es selbstverständlich die Beine bewegen, jedoch sollten wir darauf achten, dass der Kopf uns zugewandt bleibt und das Pferd maximal ein paar Schritte seitwärts auf einer kleinen Volte um uns herumgehen kann.
Wir befassen uns nicht mit dem Pferd und sprechen auch nicht beruhigend auf es ein. Sobald das Pferd den Stopp findet, beenden wir unsere Tätigkeit, suchen uns eine neue Stelle und beginnen von vorne.

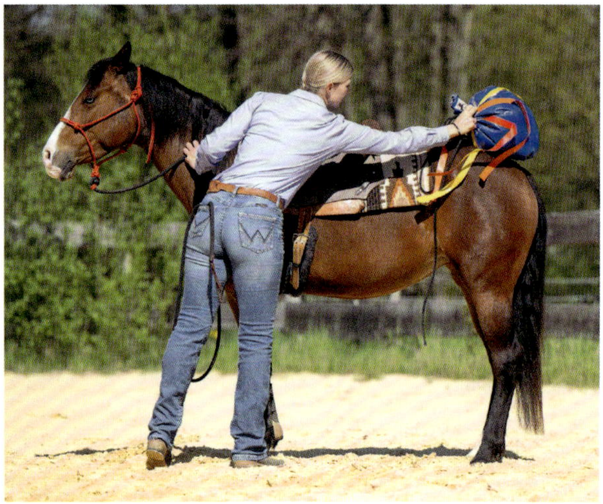

Berühren und Abstreichen des Pferdes mit dem Flatterball.

Erst wenn sich die Skepsis dem Flatterball gegenüber merklich verbessert, bringen wir den Ball an das Pferd. Ebenso wie beim Training mit all den anderen Objekten, reden wir weder beruhigend auf unser Pferd ein, noch lassen wir es ausgiebig an dem Objekt schnuppern oder sonstiges.
Die ersten Berührungen mit dem Ball finden auf Höhe Hals/Schulterblatt statt. Wieder achten wir darauf, dass unser Pferd zur Ruhe kommen kann und wir wiederholen diese Berührungen, bis unser Pferd akzeptiert, dass unser Ball es berührt.

Neugierde bei skeptischen Pferden wecken, der Mensch geht rückwärts und zieht den Ball mit.

Da Pferde durch Wiederholung lernen, suchen wir uns immer wieder eine neue Stelle auf dem Trainingsplatz und beginnen von vorne.
Ziel ist es, das Pferd am ganzen Körper berühren zu können. Das muss nicht in einer Trainingseinheit geschehen, sondern darf auch gerne in kurzen Intervallen immer wieder ins Training mit eingebaut werden, so als wäre es eine Nebensächlichkeit.

Ball in Bewegung

Im nächsten Schritt möchten wir mehr Bewegung ins Spiel bringen.
Wir legen großen Wert darauf, dass sich Objekte wie zum Beispiel der Flatterball, ohne unsere unmittelbare Gegenwart am Pferd bewegen können, ohne eine Fluchtreaktion hervorzurufen.
Nun teilen wir dies in zwei Abschnitte ein, zum einen ein sich bewegendes Objekt am stillstehenden Pferd, zum anderen ein sich bewegendes Objekt am sich bewegenden Pferd.
Hierzu ist es vonnöten, Sattel, Longiergurt oder Reitpad am Pferd zu haben. Besitzer eines Westernsattels sind hier aufgrund des Sattelhorns

In der Bewegung nehmen wir den Flatterball mit, heben ihn langsam an und lassen ihn dann wieder ein Stück sinken.

im Vorteil, da wir dieses zum Auf- und Abziehen des Objektes nutzen können. Allen anderen empfehlen wir, große Aluminiumkarabiner zum Beispiel am Maria-Hilf-Zügel oder diversen anderen Möglichkeiten zu befestigen.
Durch diesen Karabiner schlaufen wir nun das am Ball befestigte Seil. Es ist darauf zu achten, dass sich in diesem Seil keine Knoten, Schlaufen oder Ähnliches befinden, damit es bei Bedarf glatt durch den Karabiner rutschen kann, ohne hängen zu bleiben. Nun beginnen wir damit, erst relativ nahe am Pferd stehend, diesen Ball nach oben und unten zu ziehen. Möchte das Pferd sich bewegen, darf es gerne ein paar Tritte zur Seite machen. Sollte es allerdings merklich in Aufregung geraten, gehen wir in der Übung noch mal einen Schritt zurück und berühren das Pferd mit dem Ball wieder an allen möglichen und unmöglichen Stellen und beginnen dann erneut von vorne.
Wenn das Pferd es zulässt, dass der Ball sich nach oben und unten bewegt, durch Ziehen am Seil, nehmen wir mehr Abstand ein und beginnen dies mit einer stetig wachsenden Distanz zu wiederholen.

Pferd und Ball in Bewegung

Beginnen wir nun mit dem Training des sich bewegenden Objekts am sich bewegenden Pferd. Wieder ziehen wir den Strick durch den Karabiner bzw. legen ihn um das Sattelhorn. Der Ball befindet sich möglichst relativ hoch am Pferd. Wir sind anfangs erneut nah am Pferd.

SICHERHEITSHINWEIS

Es ist dringlichst darauf zu achten, dass alle Teile sich frei bewegen können und nicht aus Versehen irgendetwas verklemmt oder hängen bleibt. Selbstverständlich wird nichts an einem Pferd festgebunden, außerdem empfehlen wir generell beim Training mit Pferden, ein Messer in der Hosentasche oder am Gürtel zu tragen, um möglichst Leinen und Stricke schnell durchschneiden zu können.

Mit etwas Übung kann der Flatterball auch auf der äußeren Seite des Pferdes mitgeführt werden, für mehr Vertrauen und Gelassenheit.

Wir animieren das Pferd dazu, sich auf einer kleinen Volte um uns herum zu bewegen, während wir den Ball in zehn Zentimeterschritten nach oben und unten bewegen.
Wenn unser Pferd sich daran gewöhnt hat, bewegen wir den Ball bis auf Höhe des Buggelenks, wenn möglich sogar auf Höhe des Karpalgelenks (bei großen Pferden bitte darauf achten, dass der Ball sich nicht so sehr aufschaukelt, dass er zwischen die Vorderbeine gerät).
Kann unser Pferd mit dieser Bewegung leben, wiederholen wir diese Übung mit etwas mehr Abstand zum Pferd.
Ziel ist es, das Pferd auf einem Zirkel um uns herum laufen zu lassen, während der Ball sich im Schritt, Trab und bestenfalls auch im Galopp nach oben und unten bewegt.

TRAINING MIT PLANE

Die Arbeit mit der Gewebeplane ist ein fester Bestandteil unseres Trainings. Sie hilft, das „Schicken-Können" zu etablieren und desensibilisiert das Pferd gegenüber ungewohnten Böden, wechselnden Untergründen sowie knisternden oder ungewohnten Geräuschen.

1.
Wir wecken die Neugier, indem wir uns mit der Plane rückwärts entfernen. Bei sehr skeptischen Pferden bleibt die Plane zunächst klein gefaltet.

2. Es soll die Idee des Pferdes werden, die Plane zu inspizieren und zu überqueren, erst mal ohne großes Zutun von uns.

3. Zeigt das Pferd Mut und tritt auf die Plane, lassen wir es gewähren. Eigeninitiative und Neugier werden ausdrücklich bestärkt.

4. Zu Beginn schicken wir unser Pferd erst locker um die Plane herum. So gewöhnt es sich an das neue Objekt, ohne gleich direkten Kontakt zu haben.

5.
Ist das Pferd psychisch und physisch losgelassen, verkürzen wir den Strick. Es soll von sich aus die Idee entwickeln, die Plane zu überqueren.

6.
Wie mit anderen Hilfsmitteln streichen wir das Pferd auch mit der Plane ab – ruhig und systematisch, ähnlich wie beim Fähnchen oder mit der Fahne.

ARBEIT AN DER PLANE

Vorweg erwähnt, die Arbeit an der Plane ist für uns der ideale Einstieg, um Pferde schicken zu können, zum Beispiel durch Bäche, in Seen, über Stangen, Brücken oder sonstiges.
Die Arbeit an der Plane wird zunächst so aufgebaut, dass unser Pferd nicht direkt damit konfrontiert wird, sondern im besten Fall immer ein Ausweg vorhanden ist. Anfangs ist es vor allem wichtig, dass unsere Pferde sich vorwärtsbewegen, ohne stecken zu bleiben.
Ein seitliches Entziehen oder Wegdrängen von der Plane wir zunächst kommentarlos von uns hingenommen. Wieder liegt unser erster Fokus auf der psychischen Losgelassenheit, während wir uns mit diesem Objekt befassen.

GRÖSSE DER PLANE

In wenigen Fällen falten wir die Plane erst mal auf ein kleineres Maß. Bei extrem ängstlichen Pferden empfiehlt es sich jedoch, auf die Befindlichkeiten des Pferdes zu reagieren. Unsere Trainingsplanen haben Maße von ca. 2 x 3 Meter Minimum und 4 x 5 Meter Maximum. Erfahrungsgemäß kann man sagen, je kleiner die Plane, desto größer die Wahrscheinlichkeit, dass das Pferd über die Plane springt, anstatt darauf zu treten.

Um die Plane herum

Wir breiten die Plane mittig auf dem Trainingsplatz aus, um dem Pferd in alle Richtungen genügend Platz zu geben. In vereinzelten Fällen kann es sein, dass wir die Nähe zum Zaun suchen, das bedeutet vom Rand der Plane bis zum Zaun haben wir ca. zwei Meter Abstand. Vor allem bei

Die Arbeit mit der Plane kann gut mit dem Training im Roundpen kombiniert werden. Wichtig ist dabei eine klare Körpersprache des Menschen.

Sobald das Pferd auf der Plane steht oder sich aktiv damit beschäftigt, nehmen wir den Druck weg – als Bestätigung für die richtige Entscheidung.

hysterischen Pferden empfiehlt es sich, hier den seitlichen Raum zu begrenzen.
Wir beginnen zunächst damit, das Pferd im Kreis um uns und die Plane herumzuschicken. Ziel ist es erst mal, die physische und psychische Losgelassenheit zu erarbeiten, um dem Pferd zu vermitteln, dass es nicht angespannt sein muss, wenn ein scheinbar gruseliges Objekt am Boden liegt. Wir achten darauf, die Plane nicht zu betreten, ein Vorauslaufen oder ein absichtliches Darauf-Herumtreten ist in unserem Trainingssystem nicht vorgesehen. Es ist uns sehr wichtig, dass die Pferde während ihrer Ausbildung lernen, Dinge und Kommandos nicht infrage zu stellen, bzw. darauf zu bauen, dass wir „zuerst den Kopf hinhalten", um ihnen stetig zu beweisen, dass etwas nicht „schlimm" ist.
Nun bewegen wir unser Pferd im Schritt oder gegebenenfalls im Trab um uns herum und stellen uns dabei zwei Gassen vor. Eine Gasse in ca. zwei bis drei Metern Breite zwischen uns und dem Rand der Plane, die andere Gasse ca. zwei bis drei Meter breit, mit der Plane zwischen uns und dem Pferd.
So kann das Pferd also zum einen zwischen uns und der Plane hindurch, zum anderen an der Plane vorbei, mit der Plane zwischen uns und dem Pferd. Auch hier erarbeiten wir uns erst mal die Losgelassenheit im Pferd in beide Richtungen.

Über die Plane

Im nächsten Schritt machen wir es für das Pferd schwieriger, die obere Gasse zu nutzen, indem wir so tun, als wäre unser Führstrick kürzer geworden. Es ist nicht das Ziel, die Pferde dazu zu zwingen, über die Plane zu laufen, wir machen es nur etwas schwieriger, problemlos mit Abstand an der Plane vorbeizukommen.

Berührt unser Pferd durch Zufall eine Ecke der Plane oder springt eventuell sogar über diese, loben wir unser Pferd, entfernen uns vom Objekt, machen eine kurze Pause, um dann wieder von vorne zu beginnen.

Bei hysterischen und ängstlichen Pferden empfiehlt es sich darauf zu achten, dass sich die Plane beim Verlassen des Objekts nicht direkt hinter dem Pferd befindet, um zu vermeiden, dass unser Pferd nach vorne losstürmt.

Wir wiederholen diese Übung, bis unser Pferd die Plane im Schritt und im Trab aus beiden Richtungen überqueren kann. Je nach Pferd kann es sogar sein, dass das entspannte Überqueren mehrere Trainingseinheiten dauert.

SICHERHEITSHINWEIS

Wir achten darauf, dass unsere Pferde auf der Plane möglichst nicht scharren oder sie gar ablecken und unter Umständen hineinbeißen. Sollte sich die Plane beim Scharren an einem der Beine verhaken oder das Pferd beim Hineinbeißen plötzlich Angst bekommen, kann dies zu erheblichen Schreckmomenten führen.

TRAINING MIT OBJEKTEN, DIE DAS PFERD BERÜHREN

Ein weiterer wichtiger Punkt in unserem Trainingsprogramm sind Objekte, die nicht flach auf dem Boden liegen, sondern aufgrund ihrer Machart Berührungen auf Schulterhöhe und an den Beinen (Schwimmnudelgasse) als auch Berührungen an Hals, Kopf und Rücken (Flattervorhang) ausüben.

Was diese Hindernisse von Objekten, die flach auf dem Boden liegen, unterscheidet, ist zum einen, dass unser Pferd an den sogenannten Blind Spots berührt werden kann, zum anderen müssen wir unsere Herangehensweise anpassen, da wir die Pferde zwar durch eine Gasse zwischen uns und dem Objekt schicken können, jedoch das Objekt aufgrund seiner Bauart nicht zwischen uns und das Pferd genommen werden kann.

Schwimmnudelgasse

Beginnen wir nun mit der Arbeit an der Schwimmnudelgasse. Diese bauen wir erst mal so auf, dass eine große Lücke zwischen den Gassen entsteht. Vorweg sei erwähnt, dass wir bei der Erarbeitung von Schwimmnudelgasse und Flattervorhang, ebenso wie bei der Arbeit an der Plane, nicht vorausgehen. Zusätzlich zu den bereits genannten Gründen kommt hier die Gefahr hinzu, dass sich junge Pferde erschrecken könnten und uns dabei aus Versehen verletzen.

Wir beginnen damit, unser Pferd in Richtung Schwimmnudeltor zu schicken.

Genau wie bei der Arbeit an der Plane, lassen wir zunächst einen gewissen

1

2

1 Die Schwimmnudelgasse eignet sich hervorragend, um das Durchqueren von Engpässen zu üben und gleichzeitig die Toleranz gegenüber Berührungen zu fördern.

2 Nach und nach kann man die einzelnen Hindernisse miteinander kombinieren.

Abstand zur Schwimmnudelgasse und schicken unser Pferd daran vorbei, bis es ohne zu zögern, flüssig vorwärtsläuft. Als nächstes schließen wir durch einen Vorwärtsschritt den Abstand zur Schwimmnudelgasse, sodass sich das Pferd mit dem Hindernis befassen muss. Im Idealfall inspiziert das Pferd mit der Nase das Objekt und leckt sich die Lippen, woraufhin wir die Situation auflösen und uns vom Hindernis entfernen. Wir signalisieren damit dem Pferd, dass die Nähe zum Hindernis kein Problem darstellt, da am Hindernis die Situation zunächst sehr angenehm wird.

Das Pferd zeigt Interesse am Hindernis und berührt eine der Schwimmnudeln vorsichtig mit der Nase.

Skeptisch weicht das Pferd zurück, der Mensch bleibt ruhig und treibt es sanft wieder vorwärts.

Das Pferd gewinnt Vertrauen und nähert sich dem Hindernis erneut, diesmal mit mehr Sicherheit.

Wir wiederholen diesen Schritt mehrere Male, bevor wir mehr von unserem Pferd fordern. Dieses Fordern sieht so aus, dass wir dem Pferd zuerst wieder Zeit geben, zur Ruhe zu kommen, um dann durch sanftes Treiben einen weiteren Schritt in Richtung Hindernis zu fordern.
Je nach Reaktion des Pferdes bauen sich die nächsten Schritte nun auf. Geht das Pferd optimalerweise ein, zwei Schritte ins Hindernis, beobachten wir es dabei und achten darauf, falls es nach vorne losstarten würde, um das Hindernis zu durchqueren, dass der Führstrick nicht auf Spannung kommt.
Unsere Hand schwingt dabei das Führseil über die Halterung der Gasse,

LIPPEN LECKEN

Für uns ist sehr wichtig zu erwähnen, dass wir bei der Arbeit mit unseren Pferden darauf achten, dass sich die Pferde die Lippen lecken und der Kiefer tätig ist. Abkauen/Lippentätigkeit weist in der Regel auf Gehirntätigkeit hin. Ein Gehirn, dass sich im Fluchtmodus befindet, spannt die Muskulatur an (zum Beispiel das Aufeinanderbeißen der Zähne, angespannter Kiefer). Lockert sich diese Muskulatur durch Kauen bzw. Lecken, ist es ein Hinweis darauf, dass der Fluchtmodus abgeschaltet wird und das Gehirn in einen „Verarbeitungsmodus" gelangt.

Das Pferd durchquert die Gasse zunächst zügig, ein Zeichen für Unsicherheit. Die Übung wird mehrfach wiederholt, bis die Gasse gelassen im Schritt durchquert werden kann.

1 | 2

sodass wir nicht mit durch das Hindernis gehen müssen.
Ist unser Pferd aber skeptisch und beginnt, rückwärts das Hindernis zu verlassen, treiben wir wieder so lange vorwärts, bis wir einen Vorwärtsschritt des Pferdes aktivieren können.
Nötigenfalls beginnen wir bei sehr hektischen oder gar hysterischen Pferden, wieder eine Gasse zwischen uns und dem Hindernis zu bilden und wiederholen das ganze Prozedere von vorne.
Es versteht sich von selbst, dass wir unser Pferd bei jeder positiven Veränderung loben. Sobald das Pferd die Gasse ohne Schwierigkeiten durchquert, beginnen wir, diese enger zu stellen, bis zu dem Punkt, wo die Schwimmnudeln unser Pferd gerade so berühren.
Je nach Pferd und Charakter kann auch das wieder mehrere Trainingseinheiten in Anspruch nehmen. Ruhe und Geduld sind hier das A und O.

Flattervorhang

Ähnlich verhält es sich bei der Arbeit mit dem Flattervorhang. Es empfiehlt sich, anfangs eine Länge des Vorhangs zu wählen, die nicht bis zum Boden geht, um dem Pferd die Idee zu ermöglichen, mit gesenktem Kopf darunter durchzutauchen. Je nach Art des Vorhangs kann man anfangs die mittleren Stränge mit den äußeren zusammenwickeln und zur Seite hängen, um ein offeneres Bild für das Pferd zu kreieren. Die Erarbeitung des Flattervorhangs erfolgt in den gleichen Schritten, wie die Arbeit mit der Schwimmnudelgasse. Der einzige Unterschied ist, dass der Flattervorhang nicht breiter gestellt werden kann, deshalb empfiehlt es sich, mit der Schwimmnudelgasse zu beginnen.

1 Das Pferd inspiziert zunächst den Flattervorhang.

2 Das erste Durchqueren kann oft eher zügig sein.

3 Die Desensibilisierung am Kopf erfolgt beiläufig, da der Pferdekopf beim Durchgehen berührt wird.

4 Klappt es problemlos von einer Seite, wird die zweite Richtung erarbeitet.

3

4

SERVICE

NÜTZLICHE ADRESSEN

7P-Ranch – Bernd Hackl
Bruckmühl 1
93185 Michelsneukirchen
www.berndhackl.de

Kerstin Rester
www.kerstinrester.de

Die Pferdeprofis
www.plus.rtl.de

Aguilar Natural Concepts
www.aguilarnaturalconcepts.com

The Gentle Touch
www.thegentletouch.de

EETA e. V. (1st European Extreme Trail Association)
www.eeta2.jimdo.com

Extreme Trail Park Gut Hammerberg
www.gut-hammerberg.de

Extreme Trail Schweiz
www.horsetrail.ch

ZUM WEITERLESEN

Aguilar, Alfonso / Aguilar, Arien: **Feine Kommunikation mit dem Bosal**; KOSMOS 2019
Der Ursprung des Bosals liegt in der mexikanisch-altkalifornischen Arbeitsreitweise. Ihr Ziel ist es, die höchste Stufe der Versammlung mit minimalen Hilfen zu erreichen. Alfonso Aguilar, einer der angesehensten Pferdetrainer der Welt, und sein Sohn Arien, Balanced Horsemen, zeigen in ihrem Buch die Technik des Bosal-Reitens.

Aguilar, Alfonso: **Professionelle Ausbildung am Boden**, ... für jedes Alter, für jede Rasse; Edition WuWei bei KOSMOS 2014
Für Alfonso Aguilar ist die Bodenarbeit ein wichtiger Teil in der Pferdeausbildung. Sein Schritt für Schritt aufgebautes Buch zeigt Übungen für jedes Pferdealter – vom ersten Aufhalftern bis zu anspruchsvollen Lektionen an der Doppellonge. Eine „Roadmap“ hilft, den eigenen Trainingsstand zu bestimmen und die individuellen Ausbildungsschritte mit dem eigenen Pferd zu gehen.

Böhmke, Waltraud: **Bodenarbeit für Pferde**, 25 Parcours für Training und Prüfung; KOSMOS 2022
Die erfahrene Pferdewirtin und Trainerin Waltraud Böhmke stellt 25 Parcours mit verschiedenen Zielsetzungen vor: zur Gymnastizierung, für Gelassenheitstraining, Umgangsregeln und Geschicklichkeit. Die Übungs- und Trainingsabläufe machen Spaß, fördern das Teamwork und dienen zugleich als gezieltes Training für die Abzeichenprüfung.

Draaisma, Rachaël: **Calming Signals**, Beschwichtigungssignale – Verstehen, was Pferde bewegt; KOSMOS 2025
Calming Signals – Beschwichtigungssignale – sind für Tiere, die von Natur aus in Gruppen leben, besonders wichtig. Neueste Erkenntnisse zeigen: Auch Pferde nutzen diese Signale, um ihre

Emotionen sowie ihr Stressniveau mitzuteilen und Konflikte zu vermeiden. In diesem praktischen Buch zeigt Hunde- und Pferdetrainerin Rachaël Draaisma, wie Pferdehalter diese Signale bei ihrem Tier erkennen, sie deuten und damit umgehen können.

Fischer, Stephan: **Reiten ist Kommunikation**, Der Reitersitz aus der Sicht des Pferdes; KOSMOS 2025
In seinem Ratgeber gibt SPIEGEL-Bestseller Autor Stephan Fischer Reitern die Werkzeuge an die Hand, um Fehler in der Kommunikation mit dem Pferd zu erkennen, aufzulösen und zu vermeiden. Im Fokus stehen dabei der Reitersitz und die Einwirkung des Reiters auf das Pferd. Mit Wissen, Wahrnehmung und guten inneren Bildern lassen sich Reiterhilfen auf ein Minimum reduzieren und das Reiten nachhaltig verbessern.

Hackl, Bernd / Rester, Kerstin: **Extreme Trail Parcours**, Von der Bodenarbeit zum Reiten, KOSMOS 2022
Bodenarbeit für Unerschrockene: Im Extreme Trail Parcours mit seinen ungewöhnlichen Hindernissen beweisen sich Pferd und Mensch als perfektes Team. Liegende Baumstämme, Hängebrücken oder Wippen bilden spannende Herausforderungen für alle Bodenarbeit-Freaks. Doch kann der Trail auch geritten werden.

Hackl, Bernd / Schnabel, Katja: **Die Pferdeprofis**; KOSMOS 2021
„Die Pferdeprofis" auf VOX sind nicht nur erfahrene „Horsemen", sondern auch Reichweiten-Stars im Live-Programm und beim Streaming. In der erfolgreichen Coaching-Doku stellen die Pferdetrainer Bernd Hackl und Katja Schnabel Problempferde vor, die ihre Menschen gehörig auf Trab halten. Mit viel Einfühlungsvermögen und Kompetenz gelingt es den beiden Pferdeprofis, die Harmonie zwischen Pferd und Reiter wieder herzustellen. Alle Trainingsschritte werden ausführlich beschrieben, sodass sie mit dem eigenen Pferd hilfreich sein können. Auch als E-Book erhältlich.

Hackl, Bernd: **Basistraining für Pferde** – Richtig ausbilden, Problemen vorbeugen; BLV 2018
Sanfte Ausbildung mit Bernd Hackl: durch einfühlsames Training von Anfang an späteren Problemen mit dem Pferd vorbeugen. Grundausbildung für alle Pferde und Reitweisen. Aus Bernd Hackls täglicher Praxis: die Korrekturarbeit mit vielen Beispielen und Profi-Tipps.

Hackl, Bernd / Kreuer, Susanne: **Reiten – Im Sinne des Pferdes**, Pepper Verlag 2021
Horseman Bernd Hackl berichtet in seinem Buch erstmalig über seine ganz eigene und persönliche Ausbildungsphilosophie von Pferd und Mensch. Reitweisenunabhängig zeigt er dem Leser neue Perspektiven und Sichtweisen und öffnet die Augen für Denk- und Verhaltensweisen des Pferdes.

Higgins, Gillian: **Anatomie, Gymnastizierung, Muskelaufbau**, Die besten Übungen am Boden; KOSMOS 2017
Die Erfolgsautorin beschreibt auf ihre gewohnt anschauliche Art die besten Boden-Übungen zur Gymnastizierung und zum Muskelaufbau des Pferdes. So bleibt der Pferderücken gesund und locker. Mit klar strukturiertem Seitenaufbau, prägnanten Texten und Fotos zu jedem Übungsschritt. Extra: Anatomische Übersichten von Skelett und Muskulatur. Das Plus zum Buch: Die kostenlose KOSMOS-PLUS-App mit Filmen zu ausgewählten Übungen. Auch als E-Book erhältlich.

Jones, Janet: **Horse Brain, Human Brain**, Erkenntnisse aus der Neurowissenschaft – Wie Pferd und Mensch denken, fühlen, handeln. KOSMOS 2022
Das Gehirn steuert das Verhalten – beim Pferd ebenso wie beim Menschen. Die Neurowissenschaftlerin und erfolgreiche Trainerin Janet Jones erklärt leicht verständlich die Gemeinsamkeiten und Unterschiede zwischen den Gehirnen von Mensch und Pferd und zeigt, wie man dieses Wissen anwendet, um Ausbildung, Training und Umgang effizient und lösungsorientiert zu gestalten.

Masterson, Jim, mit Reinhold, Stefanie: **Körperarbeit für Pferde**; Locker, entspannt, gelöst mit der Masterson-Methode; Edition WuWei 2018
Jim Masterson löst mit seiner Art der Körperarbeit und Massage tiefe Verspannungen beim Pferd und bringt es in einen ganzheitlich entspannten Zustand. In vielen Detailaufnahmen werden die einzelnen Handgriffe und speziellen Anwendungsgebiete gezeigt, so dass jeder Reiter sein Pferd individuell behandeln kann. So lockern sich körperliche und seelische Spannungen, und als zusätzlicher positiver Nebeneffekt vertieft sich die Beziehung des Menschen zu seinem Pferd.

Schulte Wien, Beatrix / Keller, Irina: **Praxisbuch Physiogriffe für Pferde**, Wissen, Spüren, Behandeln; KOSMOS 2024
Wellness für das Pferd! Dieses Buch zeigt einfache und wirkungsvolle Handgriffe, mit denen man seinem Pferd Gutes tun kann. Entspannende Massagen und lockernde Fasziengriffe vor, nach oder statt dem Reiten sorgen für ein Wohlgefühl und lösen nebenbei auch so manches Rittigkeitsproblem. Fallbeispiele zeigen, welche Griffe z. B. bei Genick- oder Rückenproblemen die beste Wirkung haben.

REGISTER

BILDNACHWEIS

176 Farbfotos wurden von La Vio Photography für dieses Buch aufgenommen.

Mit drei Farbillustrationen von IStock, I. Mokhtari.

IMPRESSUM

Umschlaggestaltung von GRAMISCI Editorialdesign / Isabelle Fischer, München unter Verwendung von 12 Farbfotos von La Vio Photography .

Mit 176 Farbfotos und 3 Farbillustrationen.

Unser gesamtes Programm finden Sie unter **kosmos.de.**
Über Neuigkeiten informieren Sie regelmäßig unsere
Newsletter, einfach anmelden unter **kosmos.de/newsletter**

Gedruckt auf chlorfrei gebleichtem Papier

ISBN 978-3-440-17751-8
Redaktion: Gudrun Braun
Gestaltungskonzept: GRAMISCI Editorialdesign / Cornelia Sekulin
Gestaltung und Satz: Atelier Krohmer, Dettingen/Erms
Produktion: Claudia Frank
Druck und Bindung: Westermann Druck Zwickau GmbH, Zwickau
Printed in Germany / Imprimé en Allemagne

FSC
www.fsc.org
MIX
Papier | Fördert gute Waldnutzung
FSC® C110508